U0384538

发展与保护：
国家级新区国土空间规划战略研究
——以兰州新区为例

张祥德 方 晨 郭紫镤 / 著

兰州大学出版社
LANZHOU UNIVERSITY PRESS

图书在版编目（CIP）数据

发展与保护：国家级新区国土空间规划战略研究：以兰州新区为例 / 张祥德，方晨，郭紫镤著. -- 兰州：兰州大学出版社，2023.10
　　ISBN 978-7-311-06559-1

　　Ⅰ．①发… Ⅱ．①张… ②方… ③郭… Ⅲ．①国土规划—研究—兰州 Ⅳ．①F129.942.1

中国国家版本馆CIP数据核字(2023)第207150号

责任编辑	冯宜梅
封面设计	汪如祥

书　　名	发展与保护：国家级新区国土空间规划战略研究 ——以兰州新区为例
作　　者	张祥德　方　晨　郭紫镤　著
出版发行	兰州大学出版社　（地址:兰州市天水南路222号　730000）
电　　话	0931-8912613(总编办公室)　0931-8617156(营销中心)
网　　址	http://press.lzu.edu.cn
电子信箱	press@lzu.edu.cn
印　　刷	兰州银声印务有限公司
开　　本	787 mm×1092 mm　1/16
印　　张	14.25(插页4)
字　　数	297千
版　　次	2023年10月第1版
印　　次	2023年10月第1次印刷
书　　号	ISBN 978-7-311-06559-1
定　　价	58.00元

（图书若有破损、缺页、掉页,可随时与本社联系）

前　言

　　甘肃省地处我国西北内陆的中心地带，是长江和黄河重要的水源涵养区，也是我国多民族交流融合地和国家战略安全腹地。兰州市是甘肃省的省会，甘肃省政治、经济、文化、科技和信息中心，西北地区重要的中心城市之一。2010年12月，甘肃省设立兰州新区。2012年8月，国务院批复兰州新区为国家级新区。这是继上海浦东新区、天津滨海新区、重庆两江新区、浙江舟山群岛新区之后的第五个国家级新区，也是西北地区第一个国家级新区，力在推动兰州成为西北地区重要的经济增长极、国家重要的产业基地、向西开放的重要战略平台、承接产业转移示范区。

　　兰州新区自获批国家级新区以来，借助国家政策的支持和区域优势，以创新为引领，实现了持续、较快的经济增长。经济增速连续多年位居国家级新区前列，为实现国家战略目标奠定了经济社会基础。其内陆续开展的土地综合整治和生态修复，为推动兰州—西宁城市群协同发展开展了有效探索。

　　2019年5月，中共中央、国务院印发《关于建立国土空间规划体系并监督实施的若干意见》（中发〔2019〕18号）。意见指出，国土空间规划是国家空间发展的指南、可持续发展的空间蓝图，是各类开发保护建设活动的基本依据。

　　2019年12月，国务院办公厅印发《关于支持国家级新区深化改革创新加快推动高质量发展的指导意见》（国办发〔2019〕58号）。意见指出，国家级新区是承担国家重大发展和改革开放战略任务的综合功能平台，要优化管理运营机制，进一步理顺其与所在行政区域以及区域内各类园区、功能区的关系，研究推动有条件的新区按程序开展行政区划调整，促进功能区与行政区协调发展、融合发展；要加强规划统领与约束，推动各新区尊重科学、尊重规律、着眼长远，高质量编制发展规划。

本书为贯彻落实习近平总书记关于国土空间规划系列讲话、关于黄河流域生态保护和高质量发展、构建新时代西部大开发新格局、兰西城市群建设等重要指示精神，依据自然资源部关于加强和改进永久基本农田保护、开展全域土地综合整治试点要求，结合甘肃省政府办公厅《关于进一步支持兰州新区深化改革创新加快推动高质量发展的意见》（甘政办发〔2020〕67号），从"强省会"、拓展"大兰州"发展空间、加强黄河中游生态治理、提高经济和人口承载能力、赋能兰西城市群发展等方面进行了国土空间规划的前瞻性研究。

本书着眼于落实国家战略，通过认识和发掘兰州新区的交通区位、自然地形、空间本底、产业基础和生态条件等本质特征，构建不同区域尺度的空间协调框架，探索国土空间资源配置方式，研究不同维度兰州新区的国土空间格局，提出了以自然基底条件为基础、以推动高质量发展为目标的发展路径。本书是《兰州新区国土空间发展战略规划研究》和《兰州新区国土空间规划》的部分研究成果。全书分为兰州新区基本概况认知、战略机遇共识、空间格局探索、发展路径研究、国土空间格局优化、国土空间支撑体系和国土空间规划政策建议等七章内容。

各章节编撰分工如下：第一章由张祥德、郭紫镁、方晨负责；第二章由张祥德、方晨负责；第三章由张祥德、仲亚男负责；第四章由尹亚、方晨负责；第五章由郭紫镁、俞荣三、雷文涛、车兴龙负责；第六章由方晨、马晓理、韩大舟、俞荣三、雷文涛负责；第七章由张祥德、方晨、郭紫镁负责。全书由张祥德、方晨、郭紫镁统稿和定稿。

本书的出版得到了甘肃省城乡规划设计研究院有限公司李中辉董事长、王春好总经理、张岭峻总规划师的支持和鼓励。在此，特别感谢兰州新区自然资源局和甘肃省城乡规划设计研究院有限公司的领导和同仁在本书编写过程中给予的指导和帮助，感谢兰州大学出版社的编辑为本书的出版付出的辛勤工作。

本书寄希望于为兰州新区国土空间格局优化调整提出一些思路，但是受制于知识面较窄和资料的时效性，在内容上难免存在纰漏，敬请读者批评指正。

张祥德

2023 年 8 月

目 录

第一章　兰州新区基本概况

国家级新区是由国务院批准设立，承担国家重大发展和改革开放战略任务的综合功能区。其总体发展目标、发展定位等由国务院统一进行规划和审批，对其相关特殊优惠政策和权限由国务院直接批复，允许其在辖区内实行更加开放和优惠的特殊政策，进行各项制度改革与创新的探索工作。

第一节　国家级新区基本情况

1990年，国家宣布开发上海浦东地区。两年后我国第一个国家级新区——浦东新区成立。这是继经济特区之后，一类全新的承担国家、区域发展战略的空间载体。

2006年，第二个国家级新区——天津滨海新区成立。这昭示着我国深化体制改革，主动参与国际竞争，不断加快对外开放的战略意图。

2010年后，随着国家宏观经济形势和区域发展战略的调整，国家级新区的发展步伐逐步加快，位于西南部的重庆两江新区与西北部的甘肃兰州新区先后设立。其对探索内陆地区开放新模式，推动西部大开发，促进区域协调发展具有重要意义。

随后，国家级新区设立方式由中央引领逐步转为地方驱动。2014—2016年期间先后批复了12个国家级新区。国家级新区的空间布局实现了东部、中部、西部、东北四大区域全面覆盖（图1-1）。2017年4月，承担"疏解北京非首都功能"的雄安新区落地于发展基础薄弱的河北保定。其战略高度和发展基础的不匹配，反映了国家级新区作为国家和区域战略重要载体的实践延续（表1-1）。

从1992年起为进一步开放而设立浦东新区、滨海新区，到2010年后为消除国际金融危机影响，促进西部大开发设立重庆两江新区、兰州新区，再到2014年后为应对经济新常态，培育地区经济增长极，将国家级新区布局拓展至中部、东北地区，这实际也是响应了我国区域政策的转变，即由改革开放初期的东部沿海开放、梯度开发到2000年后的区域协调发展（王琼，2019）。国家级新区的空间分布与国家区域开发的空间战略高度一致，成为区域开发建设的关键，代表着中国改革开放的空间逻辑和指向（谢广靖 等，2016）。

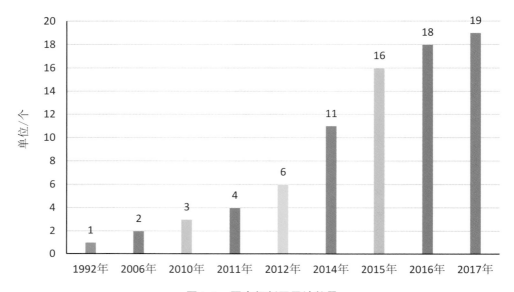

图1-1　国家级新区累计数量

表1-1　国家级新区基本情况

新区名称	所在省市	规划面积/km²	规划定位
浦东新区	上海市	1210	1.争创国家改革示范区 2.建设"四个中心"核心功能区(国际经济区、国际金融区、国际贸易中心、国际航运中心) 3.打造战略性新兴产业主导区
滨海新区	天津市	2270	1.北方对外开放的门户 2.高水平的现代制造业和研发转化基地 3.北方国际航运中心和国际物流中心 4.宜居生态型新城区
两江新区	重庆市	1270	1.统筹城乡综合配套改革试验的先行区 2.内陆重要的先进制造业和现代服务业基地 3.长江上游地区的经济中心、金融中心和创新中心等 4.内陆地区对外开放的重要门户、科学发展的示范窗口

续表1-1

新区名称	所在省市	规划面积/km²	规划定位
舟山群岛新区	舟山市	22 240	1.浙江海洋经济发展的先导区 2.长江三角洲地区经济发展重要增长极 3.海洋综合开发试验区
兰州新区	甘肃省	806	1.西北地区重要的经济增长极 2.国家重要的产业基地 3.向西开放的重要战略平台 4.承接产业转移示范区
南沙新区	广州市	803	1.粤港澳优质生活圈新型城市化典范 2.以生产性服务业为主导的现代产业新高地 3.具有世界先进水平的综合服务枢纽 4.社会管理服务创新试验区
西咸新区	西安市和咸阳市建成区之间	882	1.创新城市发展方式试验区 2.丝绸之路经济带重要支点 3.科技创新示范区 4.历史文化传承保护示范区 5.西北地区能源金融中心和物流中心
贵安新区	贵阳市和安顺市接合区域	1795	1.对外开放引领区 2.产城融合创新区 3.城乡统筹先行区 4.生态文明示范区
西海岸新区	青岛市	2096	1.海洋科技自主创新领航区 2.深远海开发战略保障基地 3.军民融合创新示范区 4.海洋经济国际合作先导区 5.陆海统筹发展试验区
金普新区	大连市	2299	1.面向东北亚区域开放合作的战略高地 2.引领东北地区全面振兴的重要增长极 3.老工业基地转变发展方式的先导区 4.体制机制创新与自主创新的示范区 5.新型城镇化和城乡统筹的先行区
天府新区	四川省	1578	1.以现代制造业为主的国际化现代新区 2.内陆开放经济高地 3.宜业宜商宜居城市 4.现代高端产业集聚区 5.统筹城乡一体化发展示范区

续表 1-1

新区名称	所在省市	规划面积/km²	规划定位
湘江新区	长沙市	490	1.高端制造研发转化基地 2.创新创意产业集聚区 3.产城融合、城乡一体的新型城镇化示范区 4.全国"两型"社会建设引领区 5.长江经济带内陆开放高地
江北新区	南京市	778	1.自主创新先导区 2.新型城镇化示范区 3.长三角地区现代产业集聚区 4.长江经济带对外开放合作重要平台
福州新区	福州市	800	1.两岸交流合作重要承载区 2.扩大对外开放重要门户 3.东南沿海重要现代产业基地 4.改革创新示范区和生态文明先行区
滇中新区	昆明市	482	1.面向南亚、东南亚辐射中心的重要支点 2.云南桥头堡建设重要经济增长极 3.西部地区新型城镇化综合试验区和改革创新先行区
哈尔滨新区	哈尔滨市	493	1.中俄全面合作重要承载区 2.东北地区新的经济增长极 3.老工业基地转型发展示范区 4.特色国际文化旅游聚集区
长春新区	长春市	499	1.创新经济发展示范区 2.新一轮东北振兴的重要引擎 3.图们江区域合作开发的重要平台 4.体制机制改革先行区
赣江新区	南昌市	465	1.长江中游新型城镇化示范区 2.中部地区先进制造业基地 3.内陆地区重要开放高地 4.美丽中国"江西样板"先行区
雄安新区	河北省	1770	1.绿色生态宜居新城区 2.创新驱动发展引领区 3.协调发展示范区 4.开放发展先行区

第二节　兰州市概况

一、基本概况

兰州是甘肃省省会，甘肃省的政治、经济、文化、科技和信息中心，西北地区重要的中心城市之一。兰州地处黄土高原、青藏高原、内蒙古和甘南高原、陇西丘陵地带接合部，属陇西黄土高原丘陵沟壑区，主要由山地、丘陵、台地、河谷地和坪地等构成。全市山地面积占市域土地总面积的65%左右，半山地面积约占20%，河川（盆）地面积约占15%。地势高差大，总体东北高、西南低，海拔在1400～3670 m。市区主要分布在黄河河谷盆地，呈西北—东南向带状分布，形成"两山对峙，一河中流"的特征。兰州市辖城关区、七里河区、西固区、安宁区、红古区5个区和永登县、榆中县、皋兰县3个县。

1.唯一黄河穿城而过的省会城市

兰州是中国唯一一个黄河穿城而过的省会城市，也是黄河河岸线最长的城市，在西北地区处于"座中四联"的位置，是我国陆域版图的几何中心。同时，兰州地处"阿尔金山—祁连山—秦岭"与黄河两大生态廊道交会的"十字路口"，既是甘肃省"祁连山—乌鞘岭—刘家峡—兴隆山—太子山—莲花岭—秦岭"横向治理体系的组成部分，也是甘肃中部沿黄地区水土保持、国土空间保护廊道的重要参与者。

2.多元文化融合的西北重镇

兰州自古就是古丝绸之路上茶马往来的商埠重镇，是沟通中西方的一个桥梁纽带。兰州境内黄河文化、丝路文化、民族文化、红色文化和宗教文化等交相辉映，呈现出了丰富多彩的地域文化特色。

兰州是省级历史文化名城，有历史文化街区5个，历史文化名镇4个[①]，历史文化名村1个[②]。

3.维护国家安全稳定的重要屏障

兰州是国家重要的能源储备基地，是国家能源安全保障的重要通道。在全国第一批八个国家石油储备战略基地之中，兰州是唯一不靠近国境线的内陆型储备基地。在全国石油天然气管道布局之中，中哈石油管线、中亚天然气管道以及西油东送、西气东输的

[①] 4个历史文化名镇分别为：榆中县的青城古镇、金崖镇和永登县的连城镇、红城镇。
[②] 历史文化名村为西固区河口村。

主要干管需要穿境兰州，故兰州对我国的能源安全有着重要的保障作用。

兰州是维护西北各民族团结与统一的"稳定器"。甘肃境内聚居着十多个少数民族，历史上，甘肃就是中原王朝与边疆少数民族政权争夺的前哨。独特的位置使甘肃成为维护蒙古族、藏族、维吾尔族、回族等西北边疆各民族团结统一的纽带。兰州作为甘肃省的省会，其"稳定器"的作用不言而喻。

4.带动我国内陆开放的重要枢纽

兰州与西安、乌鲁木齐共同形成了组织西北地区对外运输的三大枢纽，在国家综合运输网络组织中地位突出，是国内东中部地区联系西部地区的桥梁和纽带。

近年来，兰州依托中川机场、陇海—兰新铁路、徐兰—兰新高速铁路、兰渝铁路、连霍高速、兰海高速等交通设施，以及我国地理几何中心的独特区位，确定并不断强化了其联通东中部地区与西部地区的核心枢纽作用。尤其是随着兰成铁路等西部陆海新通道的建设，兰州连接"丝绸之路经济带"和"海上丝绸之路"的枢纽作用将进一步凸显。与此同时，兰州也将成为沟通西北—西南地区的战略枢纽，支撑我国形成全方位开放发展格局的重要门户。

5.人口增长稳定，中心城区集聚特征明显

兰州市是全省人口稳定的支柱，人口基数逐年稳步增长。"六普"到"七普"10年间，兰州市人口净增长74.32万人，常住人口城镇化率为83.1%（图1-2）。同期，甘肃省人口下降了55.54万人，兰州市人口占全省人口的比重从14.1%增长至17.5%（图1-3）。截至2020年，兰州市常住人口达435.94万人，其中户籍人口334万人，占常住人口的比重为76.62%。

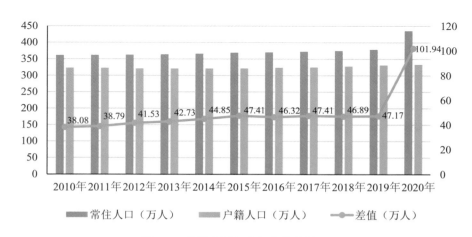

图1-2　兰州市历年人口变化分析

（数据来源：兰州市2010—2020年统计年鉴、"七普"公布数据）

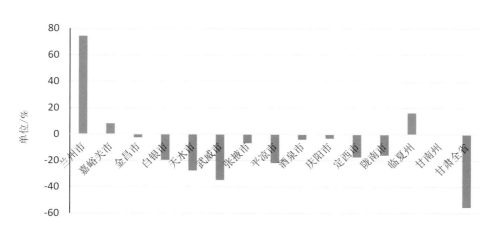

图1-3　甘肃省全省及其各市州2010—2020年人口变化情况

（数据来源：甘肃省"六普""七普"公布数据）

兰州市全市人口主要聚集在中心四区——城关区、七里河区、西固区、安宁区。从2010年到2020年，中心四区人口净增长54.86万人，占兰州市人口净增长的74%。但由于中心四区所处的兰州盆地建设空间有限且日趋饱和，城市品质提升面临极大挑战（图1-4）。

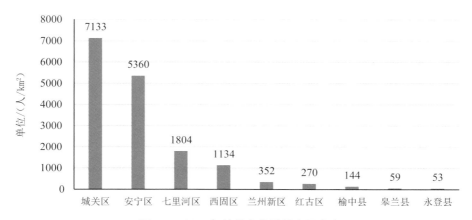

图1-4　2020年兰州市各县区人口密度

（数据来源：兰州市统计年鉴）

6. 省会地位不断强化，经济发展稳步提升

甘肃省第十四次党代会明确提出，推动构建"一核·三带"区域发展格局，牵引带动全省协同联动发展，建设以兰州和兰州新区为中心，以兰白一体化为重点，辐射带动

定西临夏的一小时通勤经济圈；把发展壮大兰州和兰州新区作为加快全省发展的战略抓手。

兰州市经济社会持续稳定发展，地区生产总值始终保持了相对迅速的增长态势，从2010年的1100.39亿元增加到2020年的2886.74亿元，年均增长10.3%。在甘肃省的十四个市州中，兰州市生产总值占甘肃省生产总值的比重为32.02%，年均总量位列第一。

2010年以来，兰州市产业结构发生显著变化，服务业成为经济发展的主要动力。三次产业结构从2010年的3.1∶48.1∶48.8转变为2020年的1.99∶33.33∶65.68，服务业占比提高了16.88%，二产占比下降了14.77%（图1-5）。

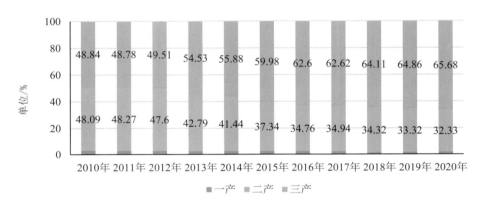

图1-5　2010—2020年兰州市三次产业占比

（数据来源：兰州市统计年鉴）

二、空间格局演变

1949年以后，兰州市进行过四次城市总体规划修编，其分别为：第一版（1954—1974年）、第二版（1978—2000年）、第三版（2001—2010年）、第四版（2011—2020年），这四版总体规划有效引领了兰州市的城市空间发展。

1.第一版兰州市城市总体规划（1954—1974年）——跨越

兰州市第一版城市总体规划编制于第一个五年计划期间。兰州市被列为第一批国家重点建设城市，在城市大规模建设和工业快速发展的历史背景下，城市的主要目标是发展重工业，建设工业体系。1954年，兰州市建设委员会编制了《兰州市城市总体规划（1954—1972年）》，并经国家建设委员会正式批准。

该版总体规划确定兰州市的城市性质为"社会主义现代化工业城市，甘肃省级领导机关所在地，全省政治中心，甘肃、青海、新疆交通枢纽和货物集散之地"；规划期末人口规模为81.63万人，用地规模为126.7 km²；并提出了"充分利用旧城，经济用地，划定瓜果种植用地（使之成为新鲜空气贮藏所和森林公园）"等规划原则。

该版总体规划在空间布局上采用田园式分散组团形式明确功能分区，以工业区建设为主导，组团推进、跨越发展，构筑了带状组团城市空间结构框架，反映了兰州市重工业城市的基本特色。规划以黄河为发展轴，制定了西固工业区、七里河工业区、市中心区、东部计划工业区、安宁堡计划工业区、庙滩子工业区、高坪居住区、段家滩、阿干镇煤矿区、休养区、风景地区、仓库地区、蔬菜瓜果供应区、果木林带、沙井驿等15个区划，依托老城拓展中心区，建设兰州的政治、文化、教育、科研、商业中心和主要的居住区。

该版总体规划的空间结构是兰州城市空间发展的精彩跨越。这种跨越达30 km的大尺度的带状组团式格局，一定程度上避免了工业发展和城市发展可能存在的矛盾，成就了一个具有较大发展容量的空间框架，并成为以后二十年城市经济迅速发展的空间基础。但第一版总体规划确定的西固重化工业的空间布局为未来城市发展埋下了隐患。

2. 第二版兰州市城市总体规划（1978—2000年）——延续

兰州市第二版总体规划编制于改革开放前期。国家当时倡导"控制大城市规模，多搞小城镇"的建设方针，并在此背景下，编制了第二版《兰州市城市总体规划（1978—2000年）》。1979年10月29日，第二版兰州市总体规划获得国务院批准。

该版总体规划确定兰州市的城市性质为"甘肃省省会，全省政治、经济、文化和科研中心，第一线城市，西北铁路、公路和航空的交通枢纽，以石油、化工、机械制造为主的社会主义工业城市"，规划人口规模控制在90万人左右，用地规模为148 km²（其中城市用地105.9 km²，农业用地42.1 km²）。

该版规划提出了"控制城市规模，多搞小城镇"的主导思想，同时明确了"带状组团分布，分区平衡发展"的城市用地布局和建设发展原则。城市空间进一步明确组团功能分区布局，组团间注重分区平衡发展，提出"骨头"与"肉"的适当比例，合理安排生产和生活的配套建设。城区内建设用地的增加主要在安宁组团和盐场组团。市域内规划了14个工业点，镇区规划人口控制在5万人以内，镇区面积在10 km²以下。

第二版总体规划的城区空间规划完全继承了第一版总体规划确定的带状组团空间结构。在控制城市规模的思想背景下，城区发展主要靠挖潜、改造，进一步明确组团功能分区布局，完善强化带状组团空间结构。同时，在谷地空间压力和国家方针的指导下，开始尝试市域拓展，初步提出：市区内原则上不再安排大中型工业建设项目，开发重点投向郊区小城镇的开发建设。

3. 第三版兰州市城市总体规划（2001—2010年）——提升

进入90年代后，国家提出西部大开发的发展战略，缩小东西部之间在经济发展水平上的差距，实施投资向能源、原材料等基础工业倾斜政策，以及对外实行多层次、全方位的开放格局（特别是向西部周边国家的开放），为兰州市经济的再度振兴提供了新的机遇。在此背景下，兰州市人民政府组织编制了第三版城市总体规划《兰州市城市总体规划（2001—2010年）》。2003年国务院予以批复。

该版总体规划确定兰州市的城市性质为"甘肃省省会，西北地区重要的工业城市和商贸、科技区域中心，西部地区重要的交通、通信枢纽"，确定规划期末市区人口规模为194万人，用地规模为159 km²。

该版规划提出市域城镇布局和经济发展带主要沿交通干线、河谷川地分五条轴线展开：向西，沿黄河、湟水、大通河轴线；向西北，沿庄浪河谷和兰新铁路、312国道轴线；向西北，沿中川机场至秦王川盆地轴线；向东北，沿兰州至白银109国道轴线；向东，沿宛川河下游及陇海铁路轴线。把榆中县和平镇、永登县中川镇、西固区东川—河口地区、海石湾地区作为兰州市2010年以后的主要发展空间。市区发展坚持"带状组团分布，分区平衡发展"的原则，提出了新城区的建设构思是，形成城关区与安宁区两个城市中心区，引导城市空间结构从单中心向双中心转变，形成"一河·两城·七组团"的城市结构。该版规划提出了"一水·两山·三绿廊"的城市风貌建设原则，引导城市从偏于东市区、以东方红广场—三台阁为轴线发展，向以黄河为轴线发展的转变，确立了黄河作为城市发展轴、景观轴、生态轴的地位。

第三版总体规划创新地提出了"双心"格局，为区域性中心职能的发展提供了重要空间，并提出了"一水·两山·三绿廊"的城市风貌建设原则，着重于城市环境品质的提升，为城市中心职能的提升提供了保障，但实施效果欠佳。同时，在河谷盆地的空间压力下，该版规划力求市域拓展，明确将榆中县和平镇、永登县中川镇、西固区东川—河口地区、海石湾地区作为兰州市2010年以后的主要发展空间。

4. 第四版兰州市城市总体规划（2011—2020年）——双城

伴随国家能源战略、对外贸易的发展，以及新一轮西部大开发的要求，该时期的兰州处于一个战略机遇期。城市规模的约束、缺乏弹性的城市空间结构与用地布局、城乡二元化结构等压力使得目前的城市空间已经不能适应新形势下城市的发展需要。伴随城市经济的快速发展，基础设施的建设为城市空间向外拓展提供了条件，如榆中县的夏官营镇（大学城）、和平镇（大学及产业区）、永登县的中川镇（空港循环经济园）、西固区的河口南（蓝星化工基地）、荒山整治（沙九、青石）等地区，都已成为城市功能拓展的主要区域。2010年8月3日，中共兰州市十一届七次全委（扩大）会议上提出，将秦王川作为兰州新区的筹建地，并结合高新区和经济开发区增容扩区，着力拓展城市空间。这些外围空间的拓展都急需具有一定弹性的城市空间结构与用地布局来指导。

该版规划提出形成"双城·五带·多片区"的市域城镇空间结构。双城，指主城兰州中心城区和副城兰州新区。兰州中心城区发展区域性中心职能，兰州新区建设区域内高度集聚的产业发展区。双城互动发展，共同成为甘肃省"中心带动"战略的核心推动器。五带，指五条市域城镇发展带，即兰州中心城区—榆中—定西东向城镇发展带、兰州中心城区—皋兰—白银黄河城镇发展带、兰州中心城区—兰州新区—永登西北向城镇发展带、兰州中心城区—红古—西宁西向城镇发展带、兰州中心城区—临洮南向城镇发展带。多片区，指城镇发展带上的主要城镇，主要为榆中县城—夏官营镇、红古城区（海石湾镇和窑街街道）、永登县城和皋兰县城四个县的区域中心城镇（图1-6）。

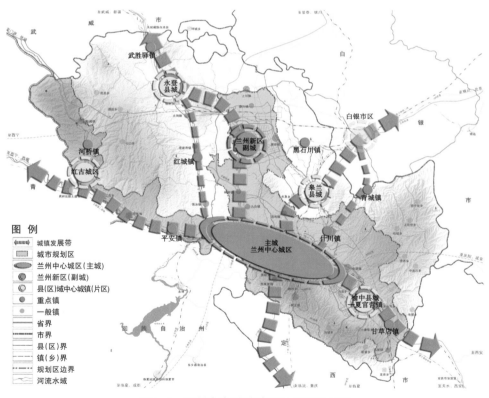

图1-6　兰州市市域城镇空间结构规划图

该图基于审图号为GS（2011）14号的标准地图制作，底图无修改。

［资料来源：兰州市城市总体规划（2011—2020年）］

三、空间格局特征

1. 市域面积大，城镇沿河谷交通走廊分布特征明显

兰州市域总面积为 13 085.6 km²，辖永登、皋兰、榆中 3 县和城关、七里河、安宁、西固、红古 5 区，共 27 个乡、34 个镇、52 个街道办事处。

兰州市适合城市发展的空间主要是黄河河谷、秦王川盆地和榆中盆地三处。其中黄河河谷距离榆中盆地约 30 km，距离秦王川盆地约 60 km。庄浪河谷、大通河谷以及湟水河谷相对狭长，虽然地形平坦，但可发展空间相对较小。

独特的地形条件决定了兰州城镇沿河谷交通走廊分布的特征。部分城镇依托矿产、旅游等优势资源条件，逐步发展了起来。陇海铁路沿线和兰新铁路沿线是市域城镇最为密集的区域。

2. 规模差异明显，大城市引领的城镇体系结构典型

兰州市域城镇体系规模结构由 Ⅰ 型大城市（人口超过 300 万人）、小城市（人口不足 50 万人）、建制镇（乡）三个层次构成。截至 2020 年年底，兰州市中心城区常住人口规模为 307.21 万人，小城市除了兰州新区外，其他均为人口小于 20 万人的县城，中心城区极化现象明显。

3. 城镇格局优化，兰州新区成为提升城市竞争力的关键

人口规模在一定程度上决定了城市的功能。因此，兰州市各县城包括兰州新区虽然其城市功能相对综合，但是受人口规模的限制，大多数县城无论其城市基础设施建设水平，还是社会发展水平（教育水平、人员素质等）都不高，只能提供较为基础的公共服务。

兰州作为我国西北地区重要的中心城市和甘肃省的省会，当前主要依靠人口规模相对较大的中心城区来提供包括对外交往、科技创新以及高等级的商贸流通、教育医疗、生产性服务功能。

但中心城区人地矛盾突出的问题不仅限制了国家级、省级服务功能的规模，人民生活品质亦难以提升。兰州市人口主要集中在主城四区，其中城关区人口密度最高，区内人口密度达 0.63 万人/km²，建成区人口密度高达约 4 万人/km²（图 1-7）。同时受地形限制，中心城区很难再进一步扩大人口规模。如果没有其他城镇来承载新增人口，势必导致城市能级提升受到制约，城市的社会效益和发展活力受到限制（图 1-8）。

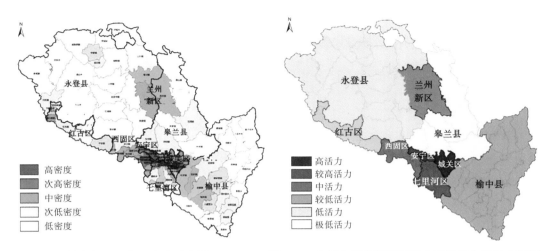

高密度
次高密度
中密度
次低密度
低密度

高活力
较高活力
中活力
较低活力
低活力
极低活力

图1-7 兰州市各县区人口密度示意图　　　图1-8 兰州市不均衡县区核心要素综合评价示意图

注：该图基于甘肃省标准地图在线服务系统审图号为甘S（2021）91号的标准地图制作，底图无修改。

　　兰州市中心城区所处的黄河河谷适宜城镇发展的空间极为有限，经过长时期的建设，可供发展的空间基本用尽。因此，兰州需要通过发展其他中心城区来完成区域使命和发展任务。兰州新区无疑成为兰州市发展中心城区空间条件最好、发展基础最佳的空间之一（图1-9）。

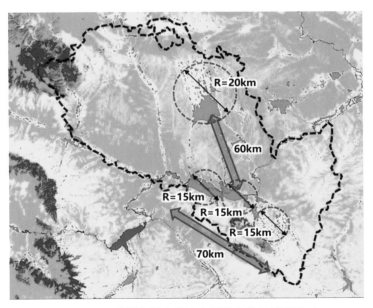

图1-9 兰州各川台盆地空间尺度关系示意图

注：该图基于甘肃省标准地图在线服务系统审图号为甘S（2020）4634号的标准地图制作，底图无修改。

第三节 兰州新区基本概况与发展历程

一、基本情况

2010年12月，甘肃省设立兰州新区。2012年8月，国务院将兰州新区批复为国家级新区。这是继上海浦东新区、天津滨海新区、重庆两江新区、浙江舟山群岛新区后的第五个国家级新区，也是西北地区第一个国家级新区，力在推动兰州成为西北地区重要的经济增长极、国家重要的产业基地、向西开放的重要战略平台、承接产业转移示范区。

为推动区域协调发展，甘肃省以"东拓南下西连北接"为兰州新区发展思路，以统一治理主体、整合空间资源为出发点，构建了兰州新区的国土空间开发保护格局。在根据兰州市行政区划调整方案和兰州新区已托管的4个镇（上川镇、秦川镇、中川镇、西岔镇）的范围基础上，增加皋兰县黑石镇、水阜镇、石洞镇、什川镇等4个镇，形成以该8镇为核心的主要规划研究范围，其总面积2845 km²。其中，已托管4镇为规划核心区，面积1165 km²，新增4镇为规划协调区，面积1682 km²。

1. 西北第一个国家级新区

兰州新区位于兰州市主城区北部的秦王川盆地，地理坐标介于36°17′N～36°43′N和103°51′E～104°45′E，距离兰州主城区约60 km，距白银市区约79 km。改革开放初期，秦王川盆地规划建设了亚洲最大的自流引水工程——引大入秦工程，并提出了在秦王川发展大工业，建设兰州卫星城的构想。这一构思为在秦王川盆地建设现代新城奠定了基础，创造了条件。

2013年，随着"一带一路"倡议提出，兰州新区作为"向西开放的战略平台"的意义更为凸显。作为西部承东启西的交通组织中枢（徐超平，2017），兰州新区经河西走廊直通新疆，是丝绸之路经济带和欧亚大陆桥的重要连接点。目前，兰州新区已建成"一区一港一口岸一通道"的立体化开放平台，粮食、肉类、冰鲜、种苗等九大特殊品类的口岸及国际货运班列常态化运营，有色金属交割库、汽车分拨、保税仓储、金融仓储等专业物流园运营顺畅，通关便利化水平不断提升，进出口贸易额持续增长，获批首批陆港型国家物流枢纽辅枢纽。随着"一带一路"倡议的纵深推进，西北地区的经济发展空间将迅速打开，成为走向对外开放的前沿，形成与中亚、西亚、欧洲以及东南亚等地区经贸、文化和旅游交流交融的核心枢纽。兰州新区具有重要的枢纽支撑点的地位，是新丝绸之路重要的国家综合交通枢纽及面向中西亚的现代物流中心与国际文化、技术、信息合作与交流的平台。

2020年5月，中共中央、国务院印发《关于新时代推进西部大开发形成新格局的指导意见》。意见指出以共建"一带一路"为引领，加大西部开放力度，构建内陆多层次开放平台，有序推进国家级新区等功能平台建设；整合规范现有各级各类基地、园区，加快开发区转型升级；支持西部地区开放平台建设，对国家级新区、开发区利用外资项目以及重点开发开放试验区、边境经济合作区、跨境经济合作区产业发展所需建设用地，在计划指标安排上予以倾斜支持。

2. 兰西城市群唯一的国家级新区

兰西城市群即兰州—西宁城市群，其北仗祁连余脉，中拥河湟谷地，南享草原之益，处于青藏高原生态屏障、黄土高原—川滇生态屏障和我国北方防沙带之间，是我国唯一跨越地理第一阶梯和第二阶梯的城市群，是黄河上游甘青地区主要的城镇密集区、全体系服务功能的核心供给区，是古丝绸之路的"锁钥之地"、新时代"一带一路"向西开放的重要节点。

兰西城市群内山地多平原少，大量人口居于生态环境本底脆弱、地质灾害隐患突出的区域。域内可利用土地资源紧缺，约2%的河湟谷地承载了17%的人口，城镇发展空间狭窄。兰西城市群是我国经济规模最小的城市群。

2018年，国家发展改革委与住房城乡建设部印发《兰州—西宁城市群发展规划》，要求兰西城市群做到生态共保、空间共治、产业共兴、服务共享，提出构建"一带·双圈·多节点"的城镇发展格局（图1-10）。

《兰州—西宁城市群发展规划》提出构建"一带·双圈·多节点"城镇发展格局。

1）一带。一带指兰西城镇发展带。依托综合性交通通道，以兰州、西宁、海东、定西等为重点，统筹城镇建设、资源开发和交通线网布局，加强与沿线城市产业分工协作，即向东加强与关中平原和东中部地区的联系，向西连接丝绸之路经济带沿线国家和地区，打造城市群发展和开放合作的主骨架。

2）双圈。双圈指兰州—白银都市圈和西宁—海东都市圈。

兰州—白银都市圈，以兰州、白银为主体辐射周边城镇。提升兰州区域中心城市功能，提高兰州新区建设发展水平，加快建设兰白科技创新改革试验区，推进白银资源枯竭型城市转型发展，稳步提高城际互联水平，推动石油化工、有色冶金等传统优势产业转型升级，做大做强高端装备制造、新材料、生物医药等主导产业，加快都市圈同城化、一体化进程。

西宁—海东都市圈，以西宁、海东为主体辐射周边城镇。加快壮大西宁综合实力，完善海东、多巴城市功能，强化县域经济发展，共同建设承接产业转移示范区，重点发展新能源、新材料、生物医药、装备制造、信息技术等产业，积极提高城际互联水平，稳步增加城市数量，加快形成联系紧密、分工有序的都市圈。

　　3）多节点。多节点指定西、临夏、海北、海南、黄南等市（区、州）和实力较强的县城。

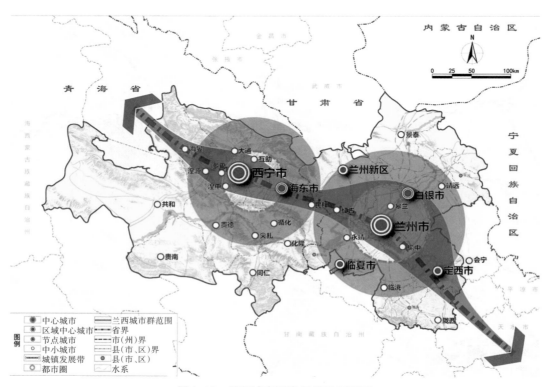

图 1-10　兰西城市群发展格局示意图

该图基于审图号为 GS（2016）1606 号的标准地图制作，底图无修改。

（资料来源：《兰州—西宁城市群发展规划》）

　　兰州新区是兰西城市群唯一的国家级新区，所处的秦王川盆地是兰西城市群少有的综合承载力强的空间。其与兰白国家自主创新示范区是兰白都市圈内的两大核心国家级平台。以政策区为载体，龙头带动，发挥效率优势与先行先试优势，建立协作走廊，通过差异化分工产生联动发展效应是国家级平台的核心任务之一。兰州新区应以构筑"新西三角"经济圈为契机、以兰西城市群为依托，充分发挥综合保税区、多式联运等优势，争创国家自由贸易试验区，打造新时代改革开放新高地，争创国际区域支撑城市。

　　甘肃省十四次党代会明确提出了推动构建"一核·三带"区域发展格局。未来五年，要把强科技、强工业、强省会、强县域"四强"行动作为主要抓手，以重点地区和关键领域为突破口，推动综合实力和发展质量整体跃升。依托产业基础、区位优势、资源优势、人才优势、科技实力，立足科技创新驱动力，兰州新区有巨大潜力被打造成为兰白都市圈内最核心的增长极城市。

二、发展历程

1.因隋唐西秦王屯牧而得名

早在四千多年前，秦王川地区就已有人类在此繁衍生息。在此后数千年的岁月更迭中，逐渐形成定居局面。西汉元狩二年（公元前121年），汉武帝开辟河西，派骠骑大将军霍去病统兵出陇西，"北却匈奴，西逐诸羌，乃渡河湟，筑令居塞"。从此秦王川正式纳入西汉的版图，属金城郡管辖。

隋朝末年隋大业十三年（公元617年），金城兰州校尉、山西万荣县人薛举，在兰州起事，号称西秦霸王，建立地方政权。秦王川成为西秦霸王薛举屯牧之地，并将原来的晴望川改名为秦王川。唐武德二年（公元619年），秦王川设广武县，唐肃宗乾元二年（公元759年），又改广武县为金城县，归陇右道兰州辖。安史之乱后，吐蕃占据秦王川。北宋景德年间，秦王川又为西夏占领，属西凉府，至神宗时收复。元代，秦王川隶属于金城郡。明洪武二年（公元1369年）起经清代、民国其均隶属于永登县。

新中国成立后，秦王川先后归甘肃省武威专区、定西专区管辖，1970年，归兰州市管辖至今（赵鹏翥 等，1997）。

2.因"华夏第一渠"奠定发展基础

清光绪三十四年（公元1908年）三月，陕甘总督升允委派皋兰籍绅士王树中，偕同朱仲尊、薛立人等到天祝藏族自治县松山一带察看红嘴河、黑马圈河，想引水入秦王川，终因"川原深且重，形式殊悬隔。有如龙门山，神禹凿不得"而作罢。

1940年至1941年，南京政府经济部勘测队和黄河水利委员会，两次勘测引庄浪河水入秦王川工程，并拟定出《庄浪河暨秦王川查勘报告》及《秦王川渠工程计划书》。1944年，甘肃水利林木公司武威工作站第三次勘测"引庄入秦"工程，提出《永登县秦王川查勘报告》。但由于水源、地形、技术、费用等原因，所作计划未能实施。

1956年，定西地区（当时永登、皋兰两县都属定西管辖）为贯彻《1956年—1967年全国农业发展纲要》（又称《全国农业发展纲要四十条》），提出引大通河入秦王川的设想。并由此开始到1958年，从大通河上游青海省的克图至永登县武胜驿，三次勘测引水线路。1965年，甘肃省水利厅设计院勘测庄浪河流域和秦王川部分地方。1970

年，甘肃省水电局一总队会同兰州市及永登、皋兰两县技术人员，全面勘测秦王川的水土资源，并于1972年完成《甘肃省秦王川地区水利规划报告》。该规划报告分为引大入秦和调庄入秦两部分，经对两河水量、水质比较，确定引大入秦为规划采用方案。

1973年12月，甘肃省水电设计院完成《甘肃省引大入秦工程初步设计报告》。1975年12月，水电部委托黄河治理委员会组成审查小组，召开现场审查会议，会议同意兴建这项工程。1976年10月，甘肃省水电设计院完成《甘肃省引大入秦工程修改初步设计报告》，选定天堂寺引水高程2256 m的总干渠引水线路。同年11月，省建设委员会在兰州主持召开会议，有水电部、黄河治理委员会等30多个单位参加。会议认为天堂寺引水线路比较合理。后经过多次局部调整，确定引大入秦工程总干渠长87 km，其中隧洞33座，长75.14 km。该工程跨越甘青两省四市六县区，包括渠首引水枢纽、总干渠、东一干渠、东二干渠、电灌分干渠、黑武分干渠、69条支渠及斗渠以下田间配套工程。干支渠总量长达1265 km，设计引水流量32 m³/s，加大引水流量36 m³/s，年引水量4.43亿m³，概算总投资28.33亿元。规划灌溉面积573.33 km²，其中秦王川盆地为380.73 km²，总干渠沿线28.67 km²，庄浪河沿岸32.40 km²，东山丘陵区95.60 km²，北川丘陵区19.87 km²，秦王川盆地东南部16.07 km²。除此还包括提水灌溉面积110.00 km²。

1987年，甘肃省向国家计委报送《甘肃省引大入秦灌溉工程可行性研究报告》。12月12日，国家计委批准确认工程总概算为10.65亿元，工期7年，并同意向世界银行贷款1.23亿美元（折合人民币4.56亿元）动工兴建。

1994年，总干渠建成通水；1993年、1995年，东一干渠、东二干渠先后建成通水；1998年、2000年，东二干渠黑武分干渠、电灌分干渠分别建成通水（兰州市地方志编纂委员会，2006年）。

2009年11月，国家发展改革委和水利部批复了《引大入秦工程供水结构优化调整方案》。

2015年4月28日，历时39年有着"华夏第一渠"、西北"都江堰"美誉的引大入秦工程正式宣布全面竣工。累计建成支渠、分支渠62条，灌溉面积489.80 km²，安置移民5.64万人，为兰州新区及周边皋兰、永登、白银、武威等地的发展提供了可靠的水资源保障。

3.因升级为国家级平台快速成长

2010年12月21日，甘肃省机构编制委员会下发《关于兰州新区主要职责内设机构人员编制的通知》（甘机编发〔2010〕81号），明确在兰州新区设立中共兰州新区工作委员会、兰州新区管理委员会（简称新区党工委、管委会），正厅级建制，享有市一级的行政管理权限。

2011年2月12日，中共兰州市委办公厅、兰州市政府办公厅印发了《中共兰州新区工作委员会、兰州新区管理委员会主要职责内设机构和人员编制规定》（兰办发〔2011〕9号），明确了兰州新区党工委、管委会内设10个机构，其分别是：党政办公室、纪工委（监察局）、组织人事局、财政局、经济发展局、城乡统筹发展局、国土资源和环境保护局、规划建设管理局、招商服务局和社会事业发展局。

2011年4月27日，兰州市委市政府联合发文《关于兰州新区范围内的部分乡镇村实行委托管理的意见》（兰办发〔2011〕49号），永登县中川镇、秦川镇和皋兰县西岔镇等7个行政村划归新区管理。

2012年8月20日，国务院印发《关于同意设立兰州新区的批复》（国函〔2012〕104号），同意设立兰州新区，原则同意《兰州新区建设指导意见》（简称《意见》）。兰州新区正式获批成为全国第五个国家级新区。《意见》指出兰州新区下辖永登县中川镇、秦川镇、上川镇、树屏镇和皋兰县西岔镇、水阜镇6个乡镇。所辖乡镇区位优势明显，资源条件较好，发展潜力较大，具备快速发展的条件。

2012年12月4日，兰州市委常委会会议决定，皋兰县西岔镇全面划归新区管理。兰州新区托管范围包括中川镇、秦川镇和西岔镇3个乡镇，涵盖55个行政村和1个社区，总面积819 km²。

2017年6月28日，兰州新区党工委会议研究决定，设立兰州新区中川园区管理委员会、兰州新区秦川园区管理委员会、兰州新区西岔园区管理委员会，正县级建制，其隶属于兰州新区管委会管理。

2020年7月10日，甘肃省政府办公厅发布《关于进一步支持兰州新区深化改革创新加快推动高质量发展的意见》（甘政办发〔2020〕67号），提出进一步理顺管理体制机制，启动行政区划前期研究论证工作，逐步拓展兰州新区发展空间，促进功能区与行政区协调发展、融合发展，按程序推动永登县上川镇、树屏镇和皋兰县水阜镇托管工作。

截至2020年年底，兰州新区常住人口29.3万人，实际管理服务人口从2010年的9.5万人增加到2020年的46.5万人，增长近5倍。兰州新区是全国唯一以农业村镇为基础开发建设的国家级新区，近十年来，经济增速连续多年位居国家级新区前列，经济总量从2011年的39亿元增至2020年的236亿元。2020年，其地区生产总值增长16.7%，并荣获"中国（区域）最具投资营商价值新区""中国领军智慧城区"、全国"2020社会治理创新城市""绿色发展优秀城市"、甘肃省"市州推动高质量发展贡献奖"等。

三、本底条件

（一）自然环境

1.气候环境

兰州新区深处欧亚大陆腹地，位于甘肃省中部的陇西黄土高原西北部，受内蒙古高压控制，属典型的温带半干旱大陆性气候。中川气象站统计资料显示：兰州新区1月平均气温为-9.1℃，7月平均气温为18.4℃，年平均气温约为6.5℃，年极端最高温度约为34.4℃，年极端最低温度约为-28.8℃。兰州新区区域内日最大降雨量为45.7 mm，小时最大降雨量为32.0 mm，10分钟最大降雨量为12.5 mm，多年平均降雨量为300~350 mm，历年最大积雪深度约为14 cm，而年均蒸发量高达1879.8 mm，且降雨主要集中分布在7—9月，夏秋降水量约占全年降水量的70%以上。降水量的年际变化较大，年际间降水变率为23%，夏秋两季多发生大雨。兰州新区主导风向为西北风，年平均风速2.3 m/s，最大风速可达20.0 m/s，春季风速最大。此外，兰州新区年日照数约2600 h，平均无霜期为150 d，最大冻土深度1.46 m，农作物一年一熟。综上，该地区气候的总特征可归结为降水量少，日照时间长，温差大，光能潜力大，多风沙；四季分明，雨热同期，冬季寒冷干燥，春季多风少雨，夏无酷暑，秋季温凉。

2017—2019年，兰州新区空气质量较之前有所改善，但是情势依然严峻。PM10、O_3和PM2.5三项指标呈现逐年下降趋势，其中PM10浓度下降得尤为显著，3年间下降幅度达到了42.06%，环境治理成效显著。SO_2及CO呈现波动趋势，均在2018年有所增长，2019年小幅回落，总体维持在稳定状态。而NO_2则呈现出逐年上升的趋势，虽然幅度较小，但是应引起重视（图1-11）。

全国、兰州市及兰州新区PM2.5年均浓度呈现逐年下降趋势，其中全国PM2.5浓度2019年与2018年持平，其余时间均逐年下降。近3年全国优良天数比例呈稳定状态，只在2019年出现小幅下降。兰州市优良天数比例波动较大，且整体处于较低水平。而兰州新区的这一指标则呈现出逐年上升的趋势，特别是2019年，优良天数比例高达93.4%，明显高于全国及兰州市的水平（图1-12）。

兰州新区空气质量随季节变化明显。总体污染情况第一、第二季度较重，第三、第四季度较轻。六项污染物中PM10、PM2.5在第一、第二、第四季度污染相对较重，第三季度污染相对较轻；NO_2在第四季度污染相对较重，第一、第二、第三季度污染相对较轻（图1-13）。

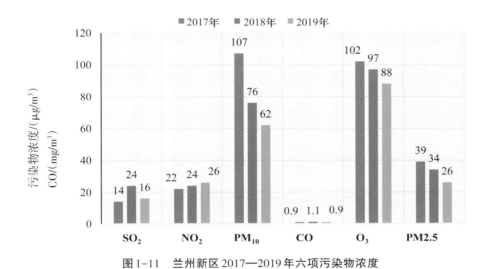

图1-11　兰州新区2017—2019年六项污染物浓度

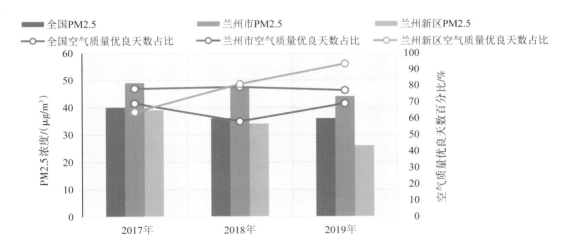

图1-12　全国、兰州市、兰州新区PM2.5年均浓度和空气质量优良天数对比情况

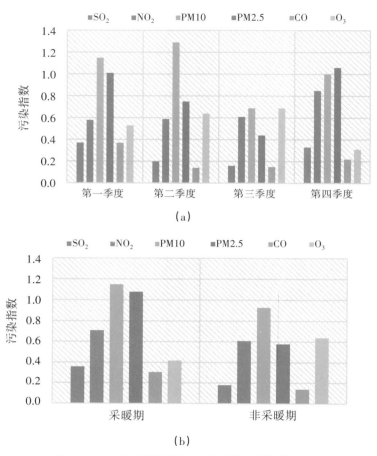

图1-13　（a）四季环境空气质量综合污染指数变化

　　　　　（b）采暖期和非采暖期环境空气质量综合污染指数变化

2.地质地貌

从地质构造来看，秦王川盆地属永登—河口凹陷中的次一级地质构造。中川隐伏基底隆起带中近南北向的断陷盆地，形成于中更新世（Q2）末期，盆地东西两侧丘陵前缘均发育有向盆地逆冲的断层。盆地东侧断层走向近南北，倾向东，倾角70°～80°，总长度36 km，是一条中更新世末期活动的断层。盆地西侧断层由三段不连续的断层组成，南北向延伸37 km。北段北起庙湾，南至陈家井，长度11.5 km，走向北西6°，倾向西南，倾角70°～80°；中段北起陈家井，南至陈家河，由三条近于平行的断层段组成，长度14 km，走向北西10°，倾向南西，倾角70°～80°；南段北起马家山，南至哈家咀北，长度14.5 km，这组断层形成于上更新世早期。根据《中国地震动参数区划图》（GB 18306—2001）及《建筑抗震设计规范》（GB 50011—2010），兰州新区抗震设防烈度为8度区，设计基本地震加速度为0.20 g，设计地震分组为第三组（图1-14）。

图 1-14　兰州新区地貌示意图

注：该图基于甘肃省标准地图在线服务系统审图号为甘 S（2021）91 号的标准地图制作，底图无修改。

从地貌来看，兰州新区属典型的陇中黄土高原丘陵区，地处陇西黄土高原西北部，位于青藏高原、内蒙古高原和黄土高原的交会地带，也是祁连山脉东延之余脉插入陇西盆地的交错地带。秦王川盆地形成于第三纪，是中更新世晚期受东西两侧边界断裂挤压逆冲活动影响而形成的封闭式断陷盆地，属黄土梁峁间盆地地貌类型。北部为低山区，东、西、南三面为低缓黄土丘陵，海拔在 1860～2000 m，山体以石质和土质为主，土层较厚，地势由北向南倾斜。盆地内主要为冲洪积平原所占据，山顶呈浑圆状，境内地势平坦，其间有近南北向的垄岗状残台和残丘分布，黄土覆盖在起伏较小的白垩系红层之上。盆地平原区地势由北向南倾斜，坡度10‰～50‰，东西向地形平坦，切割甚微。盆地东西两侧发育有两条古河道。中川机场及其周围地域位于盆地西侧的古河道区域，其底部大部分为第三系咸水河组砂砾岩或泥岩，上覆地层为第四系冲洪积砂、砾和粉土。第四系冲洪积地层在盆地内分布厚度不均，东西两侧古河道中最厚处达40～60 m，其他地段厚度一般小于30 m。盆地北部和南部垄岗状残台和残丘地段分布厚度仅10余米。

3. 河流水系

兰州新区属典型的工程性缺水和结构性缺水地区。区境内无常年性地表径流，只有在暴雨时才形成向盆地外泄的洪流。除此，区境内水系有季节性河流，区内主要沟谷有碱沟、咸水沟、水阜河和龚巴川。

碱沟属黄河的一级支沟，位于黄河左岸，流域面积约995.5 km²，主沟长42.5 km。主沟道呈近南北向分布，为秦王川盆地地表水、地下水的主要排泄通道，是一季节性的洪水沟谷。沟谷内大部分时间段有地表流水，其上游与天祝县毛毛山南麓的四眼井砂沟、正路沟相接，由北向南经秦王川，在中川镇的芦井水一带汇入碱沟，其下游称为李麻沙沟。冬春两季沟谷内水流很小甚至会干涸，夏秋两季流量一般为2～3 m³/s，暴雨发生时其流量剧增，在沟口附近会产生洪水灾害。

咸水沟为黄河左岸一级支流，流域面积约484.2 km²。在兰州新区内咸水河主沟谷的流程长约为12 km。沟谷始于永登北部的峨巴梁，向南至龙泉镇土门川才另有泉水补给。柴家坪以南泉源增加，水量变大，于西固区河口乡咸水村入黄河。

水阜河是蔡家河右岸的一级支流，常年干涸，仅在暴雨时期产生地表径流，其在上游由双庙沟和姚家川汇合而成。位于兰州新区内的沙沟及其上游的姚家川和双庙沟的主沟谷流程约为57 km。

龚巴川为蔡家河右岸的一级支流，为一常年干涸的河沟，只有在暴雨时有水流出现，其在石洞寺与黑石川沟汇合后形成蔡家河。在兰州新区内龚巴川主沟谷的流程长约为40 km。

兰州新区区域地下水资源十分贫乏，秦王川地区可利用地下水资源量现状为1054万 m³。地下水主要有两种类型：一是赋存于第四系松散沉积岩层中的潜水，矿化度为1.5～2.5 g/L；二是赋存在第三系砂岩、砾岩中的承压水，矿化度为0.7～3.69 g/L。兰州新区地下水层埋深多在20～100 m以下，且矿化度高，含水层富水性较差，厚度大都小于8 m，主要由灌溉回归水及天然降水补给。区内地下水水质较差，总硬度、硫酸盐、氯化物等因子超标严重，可利用性差。

秦王川盆地地下水的补给来源主要有三种途径。盆地北部山区基岩裂隙水和沟谷潜流补给，年补给量约为118万 m³。盆地内降水入渗补给，盆地多年平均降水量为272 mm。由于兰州新区内多年平均蒸发量是降水量的5.7倍，蒸发强度大，所以降雨入渗补给量相对较小，可忽略不计。灌溉入渗补给，现状秦王川地区地下水资源量为2634万 m³，预测2030年地下水资源量为1552万 m³。

兰州新区内无常年地表径流，因此区内无地表水功能区。根据《甘肃省地表水功能区划（2012—2030年）》，流经兰州市的河流有黄河、湟水、大通河、庄浪河和宛川河5条河流，途经兰州新区的水功能区主要为黄河干流水功能区。黄河干流一级功能区为黄河甘肃开发利用区，总河长169 km，流经兰州市境内的河长为152 km。黄河甘肃开发利用区又划分为黄河八盘峡渔业、农业用水区，黄河兰州饮用、工业用水区，黄河兰州工业、景观用水区，黄河兰州排污控制区，黄河兰州过渡区，黄河皋兰农业用水区，黄河白银饮用、工业用水区7个二级水功能区。

调入的大通河水全年水质类别为 Ⅱ 类水，水质较好，符合饮用标准。西岔电力提灌工程调入的黄河水全年水质类别为 Ⅱ 类或 Ⅲ 类。区内地下水主要由灌溉回归水补给，依据《地下水质量标准》（GB/T 14848—2017）进行评价，地下水水质类别为 Ⅲ 类或 Ⅳ 类，水质较差。

4.土壤植被

在漫长的地质历史中，中国西北干旱区周边高大山系的岩体在物理风化尤其是寒冻风化的作用下被剥离解体，在冰川以及河流特别是突发性山洪与泥石流的共同作用下被搬运到下游相对平坦的地区，即今天的沙漠戈壁所在地。在搬运过程中，岩体之间的相互磨蚀等作用，致使其粒径进一步变小。这些细小的岩体继续经受各种物理风化、化学风化以及生物风化等，逐渐形成了今天广泛分布于西北干旱区的沙漠、戈壁景观。由于西北地区多大风天气（尤其是春季），强风将沙漠、戈壁中的大量粉尘物质搬运到高空并由西北向东南传送。今天我们所见的沙尘暴就是这种现象的缩影。大量粉尘到达草原、森林草原地带由于植被的阻挡被截留下来，长年累月形成了今天的黄土地层。黄土高原自第四纪以来覆盖了厚层黄土，是世界上黄土分布范围最广、最集中且厚度最大的区域。黄土地层自下而上（自老到新）可以分为午城黄土、离石黄土和马兰黄土。午城黄土，距今115万～248万年，土壤层密实、胶结好；离石黄土距今10万～115万年，力学特性变化较大，近底部类似于午城黄土，而顶部又类似于马兰黄土；马兰黄土距今1万～10万年，为浅黄色疏松、多孔的沙粒。兰州新区及周边区域地处干旱、半干旱地区，其黄土层沉积厚度可达300 m。区域的午城黄土厚度在60～80 m，密实、胶结好、接近成岩；离石黄土厚度在90～200 m，主要在黄河第四、五级阶地上；马兰黄土厚度在10～34 m，沉积较厚的地方在黄河阶地及黄土梁上，在较陡的斜坡上逐渐变薄。土壤随着海拔高度的升高，由南部的灰钙土向西北逐渐变为栗钙土、灰褐土和亚高山草甸土，呈现明显的地带性规律。另外由于土壤母质不同和人类活动的影响，新区区域内还有黄绵土、红土、盐碱土、灌淤土的分布，土壤含水量在不同季节之间表现出显著差异。

兰州新区整体上位于黄土带与沙黄土带之间，是风蚀轻度影响区，水蚀风险中度侵蚀以上影响区。因区域黄土粒度较粗（0.005～0.075 mm范围内占比79.53%～88.92%，中值粒径约为0.025 mm），质地疏松，具有大孔隙、水敏性、湿陷性与崩解性等特点，区域内易发生表层土壤侵蚀与潜蚀，地表切割严重。同时黄土洞穴广泛发育（属于黄土洞穴密度的中等发育区），造成该区域沟谷密度大，地形较为破碎，这为区域水土流失提供了自然条件。

全域植被草群低矮、稀疏、生长迟缓，覆盖度低，属矮半灌木荒漠草原（其他草地，占未利用地总面积的93%左右）。自然植被类型以人工林地和荒漠草原、干旱草原为主。人工林地主要分布于中川机场西部，尤其是黄河河谷区人工植被分布范围较广，且历史悠久，主要由经济植物型和蔬菜作物型组成。荒漠草原和干旱草原主要由多年旱生、丛生的禾草、旱生灌木和小半灌木组成，植物主要包括蒿草、针茅、冰草、柠条等。

土壤是植被发育的重要影响因素。土壤、含水量、电导率、有机质、容重等随季节变化明显。兰州新区土壤pH值为7.61～8.60，属于偏碱土壤。温度变化大与集中降水引起的淋溶、侵蚀及枯落物的分解等，使得土壤含水量、土壤有机碳与全氮、全磷等季节差异明显。同时，全域土壤含盐量呈现出随高程增大而减小的趋势，植被发育状况和土壤含盐量总体呈负相关（NDVI与土壤含盐量之间的相关系数为-0.35）（马灿 等，2011）。

地形影响了太阳辐射和降水的空间再分配过程，一定程度上制约了植被的生长和空间分布。尤其是在地形复杂的黄土梁峁区，海拔对温度、湿度的影响，以及人类活动的频率均影响了植被覆盖率。随着海拔升高，气温降低，海拔1400 m以上的区域主要为丘陵沟壑分布区。其内沟壑纵横，植被稀疏，土壤保水能力差，有机质少，给人工造林和植被自然恢复增加了难度，植被覆盖度增幅受限。坡度影响地表的物质流动和能量循环，一般坡度越大的地区，积温越少，投影面积相同条件下降水量越小，土层持水性能也越差。坡向影响坡面接受的太阳辐射量以及地表与风向的夹角，从而影响光、热、水、土等因子的分配。坡度是影响物种多样性的主导因子，坡度越大，土壤越薄，养分水分条件越差，植物生长受影响越大。坡度梯度下，土壤养分变化具有连续性，而植物群落特性则表现出非连续性差异，这种非连续性反映出植物群落特征的变化受到了多种因素的影响。

黄土高原作为我国生态建设的重点区域，植被恢复对于保护区域环境和物种多样性有重要意义。土壤环境质量的改善是植被恢复的重要目标之一，其目的是促进植被的正向演替，建成稳定的植被群落。然而，黄土梁峁区地形破碎，兰州新区全域坡度25°以上地区面积占比达39.73%[①]，随着坡度的增大，坡面的水肥条件、土壤稳定性等条件变差，植物生长受到限制，植物生长所需的土壤养分、水分及根系分布空间条件更差，只有少数抗性极强的草本和灌木物种可以在此条件下生存。

（二）社会经济

1.兰州新区经济增速连续多年位居国家级新区前列

2020年，兰州新区全年地区生产总值从2010年的不足5亿元快速增长到236亿元，平均年增长22.8%，增速连续多年位居国家级新区前列（表1-2）。

表1-2　兰州新区地区生产总值及占比

年份	兰州市地区 生产总值/亿元	兰州新区地区 生产总值/亿元	兰州新区占兰州市 生产总值比重/%
2011	1391.66	39.04	2.81
2012	1613.16	56.02	3.47
2013	1810.24	68.95	3.81
2014	1977.77	94.12	4.76
2015	2102.25	123.15	5.86
2016	2207.42	149.57	6.78
2017	2445.08	174.31	7.13
2018	2600.19	180.90	6.96
2019	2837.36	201.60	7.11
2020	2886.70	235.89	8.17

2.产业集聚能力增强

兰州新区围绕打造西部战略性新兴产业新高地，充分发挥区位交通、资源要素、政策保障等优势，重点培育了绿色化工产业、先进装备制造、新材料产业、大数据产业、

---

① 数据来源：兰州市耕地质量等别库

生物医药、新能源汽车、商贸物流、文化旅游、现代农业等具有核心竞争力的九大主导产业。截至2020年，已累计引进产业项目760多个，总投资3700多亿元。获评"2019绿色发展优秀城市""2019年中国领军智慧城区"。

绿色化工产业。抢抓沿江、沿海化工企业搬迁改造机遇，规划建设100 km²绿色化工产业园区。截至2020年，化工园区已通过省级化工产业集中区承载能力认定，新落地项目40个，累计达128个，落地产品326种，上市企业8家。

先进装备制造。着眼智能化、精密化、绿色化、离散化制造方向，重点布局石化重型装备、新能源装备、大科学装置等装备制造产业体系。截至2020年，引进中国科学院大科学装置、兰泵、兰州电机、北科维拓等先进装备制造产业项目140个，建成投产69个。

新材料产业。立足甘肃省有色金属原材料生产规模大、气候适宜、电力和运输成本低等优势，重点发展有色金属新材料、钛镁合金新材料、稀土、电镀及废弃资源再生利用等新兴产业，形成新的经济增长点。截至2020年，已累计引进产业项目60个，建成投产30个。

大数据产业。充分利用电力资源和气候资源优势，着力打造数据存储、数据处理、云服务、数据应用、先进计算五个产业链层级的大数据和信息化产业。按照丝绸之路信息港"一主中心·一副中心·五大支点"的总体框架和"一港·两基地"的大数据产业空间布局，加快建设全省数据中心产业集群。截至2020年，累计落地项目27个，总投资310亿元，总装配机架规模10万个，可服务云计算终端150万个，5G基站建设超60个，5G商用全面启动。

生物医药。依托甘肃省丰富的中药材资源优势和兰州新区生物制药研究、中成药品牌优势，重点发展现代中药、生物制药、化学制药和生物医学工程四大领域。引进中药龙头加工企业，打造中药加工产业集群。做大中药材市场化流通，做活"中医药+"新业态。截至2020年，佛慈、和盛堂、兰药药业等16个项目已建成投产。

新能源汽车。借力"一带一路"倡议和辐射西北地区的区位优势，打造集研发、配件生产、整车组装、销售于一体的新能源汽车产业集群。引进兰州知豆、兰石兰驼、兰州广通、亚太等一批新能源汽车产业项目。

商贸物流。抢抓"一带一路"建设机遇，深度融入国际陆海贸易新通道，建成"一区一港一口岸一通道"立体化开放平台。木材、粮食、水果、海产品等品类口岸常态化运营，通关便利化水平不断提升，对外贸易爆发式增长。2019年，铁路口岸货运量增长了246%，跨境电商企业进出口总额增长了100%。

文化旅游。重点开发休闲游、乡村游、健身游等旅游项目和休闲度假、探险运动、民宿体验等生态旅游产品，着力打造业态多元、设施完善、特色鲜明的文化旅游产业集群。2019年，兰州新区接待游客数量达到620万人次，增长了57.8%，旅游综合收入达23亿元、增长了68.9%。

现代农业。以土地流转和生态修复为抓手，重点发展规模化、机械化、设施化粮油蔬菜种植基地和现代循环养殖基地，加快打造现代丝路寒旱农业示范区。千亩中药材育苗、千亩智能温室花卉、万亩设施农业、万亩林果、十万亩特色种植基地，三百五十万头生猪、百万只羊、万头奶牛养殖园、百万级猪羊屠宰、两百万吨粮油精深加工、一百五十万吨饲料加工、五万吨冷链物流等现代农业生态种养循环产业链形成。

3.社会保障与城镇化水平快速提升

随着省体育馆、长城影视等一批优质教育、医疗和文化项目建成运营，生活性服务设施日趋完善。截至2020年，已建甘肃省残疾人综合服务基地、兰州新区社会福利院、兰州新区舟曲慈善社会福利院3处，秦川镇综合市场、绿色农贸批发市场、兰州新区综合批发市场、彩虹城惠民农贸市场4处，建成棚改安置房5540套、租赁性住房5000套，在建保障房1.1万套，销售商品房面积124万 m²，同比增长30%。同期，新增公交线路12条，投放公交车99辆，改造提升城市公厕46座。

截至2020年，兰州新区建成或在建的文化设施主要为市级文化设施和村文化活动中心。为建立健全"市级—组团—社区"三级文化设施，形成布点周全、功能齐全的文化设施网络，规划投建2处市级文化设施，重点建设博物馆、文化馆、图书馆。

教育普及水平进一步提高。截至2020年，九年义务教育巩固率、高中阶段毛入学率和高等教育毛入学率分别达到99%、80%和48%，辖区居民平均受教育年限达到9年，普惠性幼儿园占比达到96%，已建成全国最大的示范性职业教育基地——兰州新区职教园区。结合周边先进制造等产业发展新技术研发孵化基地，促进产学研一体化发展。

公立医疗机构门诊量增长，转诊率下降。截至2020年，兰州新区建成社区卫生服务机构3个、改造提升社区卫生服务机构3个，40个村卫生室实现"七统一"标准化；现有医疗卫生机构128个，每千人拥有床位2.32张，在建的医疗机构5个；省人民医院新区分院按三级综合医院建设，设床位500张，省残疾人康复中心医院按三级康复医院建设，设床位500张，3个社区卫生服务中心预计增加床位60张。

2012年以来，新区加快推进城乡一体化战略，土地、财政、教育、就业、医疗、养老、住房保障等领域配套改革不断推进，城乡区域协同发展有了明显提升，人居环境全面改善。截至2020年，城乡居民人均可支配收入分别达到3.48万元、1.30万元，分别增长了8.9%、9.2%。

民计民生持续改善，和谐社会建设顺利推进，人口发展取得了显著成就。兰州新区人口发展形势总体稳定，人口素质稳步提高，人口结构逐步优化，人口城乡结构发生较大变化，民生福祉得到全面改善，一定程度上缓解了资源环境等方面的压力。截至2020年12月底，兰州新区服务管理人口达46.5万人。规划核心区常住人口自2012年新区成立以来，年均增长率达17%。

（三）区位交通

1.交通区位优势突出，但运输方式之间衔接不畅

兰州新区地处兰州、西宁、银川三个省会城市共生带的中间位置，是国家规划建设的综合交通枢纽，也是甘肃与国内、国际交流的重要窗口和门户。受兰州市交通圈辐射，其沟通方向逐渐拓展，由早期的"座中四联"提升为"座中七联"，连通北京—天津、青岛、西安—郑州、重庆、成都、西宁—拉萨、乌鲁木齐等城市，是向西开放的门户枢纽。

兰州新区周边有G30连霍高速、G6京藏高速、G341国道、G109国道、G312国道等国家重要通道过境，同时紧邻全国"八纵八横"高速铁路网中的京兰通道以及全国"五纵五横"综合交通运输网络中的陆桥运输大通道、青岛拉萨运输大通道、临河防城港运输大通道。

兰州新区目前与周边地区的交通联系主要依靠公路，交通基础设施短板依然存在。兰州新区是空港城市，不仅承担兰州市的对外出行，而且还承担与临夏、定西、合作、白银等周边城市的对外联系。目前兰州新区与其他区域的客运铁路联系不足，仅辐射兰州市区、定西天水方向。区域交通方式之间还缺乏有效的整合协调，难以发挥包括机场和铁路站点的综合枢纽的作用。各种运输方式之间衔接不畅、效率不高，枢纽及集疏运体系规划建设有待加快。目前，还缺乏与市区联系的快速通勤交通，新区与市区之间虽开通了城际高铁和数条公交路线，但动车班次单程运行时间需要50分钟，且新区车站距离新区核心区较远，轨道交通难以满足新区居民及企事业单位的日常出行需求。

2.航空进入快速发展阶段，但出行便捷性较差

（1）中川机场进入快速发展阶段

中川机场属国内干线机场及欧亚航路国际航班Ⅰ级备降机场，国家一类航空口岸，是甘肃省唯一的国际航空港。截至2020年，航线及国内外通航点已增长至212条，辐射119座城，辐射能力增长迅猛。

2019年，兰州中川国际机场年旅客吞吐量突破1500万人次，中转旅客量突破100万人，年均增长10%以上，超过全国6%的平均水平。旅客量以及增长率在西北五省区中均位列第三位。10年间，中川机场旅客量增长了4.26倍，增量位列西北五省区中第

一位，尤其是2015—2016年期间，增长率达35%。中川国际机场三期扩建工程以及T3连接线工程也在稳步推进中，三期扩建工程已开工建设，建成后可承载的年旅客吞吐量将达3800万人次。

（2）机场距离兰州市区较远，出行便捷性较差

兰州中川机场位于兰州新区。兰州新区的特殊性在于其与主城之间的距离过大，超过60 km，几乎相当于两个城市之间的距离——《城市对外交通规划规范》要求支线机场距市区的距离为10～20 km——且目前交通联系主要靠小汽车、常规公交和城际铁路，缺少城市轨道作为过渡，整体交通联系结构不完整。国内深圳、西安、郑州等城市都是通过第一时间建设轨道来促进新区的发展。根据统计，全国145个通用机场距城区的平均距离约23 km，并且多数机场与市区均有地铁连接。

出行难是城市新城建设初期面临的共同问题。兰州新区是兰州市的战略拓展空间，承接兰州市的产业、人口转移。兰州新区的职住分布呈现"双城化"现象——人员周一、周五往返于兰州市区与兰州新区之间——单向通勤需求量大，空间距离远，时间成本和经济成本都很高。

中川机场与市区主要通过城际铁路衔接。截至2020年，两地之间城际班次20列/天，运行间隔平均约50分钟，机场大巴平均每小时一班，合计出行时间达1.5小时，居民出行便捷性较差，出行难问题仍然存在。

3.国际货运业务已逐步开通，临空产业发展滞后

随着"一带一路"倡议的实施，兰州至中亚、欧洲、南亚和白俄罗斯的国际货运班列和兰州至迪拜、达卡的国际货运包机已逐步开通，中川机场升级为国际机场。

兰州新区临空产业发展滞后，未充分发挥航空枢纽优势。目前临空关联产业规模小、质效不高、聚焦不够，以航空经济为引领的产业生态圈尚未形成，暂无航空维修与解体等相关产业。物流航空关联度不高，机场周边仅有1～2个项目与航空关联。金融、商务服务还处于起步阶段，航空金融、融资租赁、跨境贸易等发展滞后，航空旅游、航空会展发展基本为零，缺乏航空货运及关联性产业总部。

4.立体化开放平台已建成，但缺乏联动体系

兰州新区综合保税区于2014年7月15日由国务院批准设立，2015年8月18日通过国家相关的十个部委正式验收，2015年12月24日正式封关运营。2016年12月，国家口岸管理办公室批复同意兰州铁路集装箱场站作为临时口岸对外开放，具体包括兰州新区中川北站、兰州东川铁路物流中心两个作业区。这是全省第一个铁路开放口岸。

兰州新区已建成"一区一港一口岸一通道"立体化开放平台，口岸、通道、临空三位一体开放新格局基本形成。2020年，天津港与兰州铁路口岸兰州新区中川北站作业

图1-15　首批欧洲商品进入新区综合保税区

区、兰州东川铁路物流中心作业区两地对接合作，共建"无水港"（图1-15）。

　　截至2020年8月，兰州新区中川北站物流园共计到发"兰州号"国际班列278列，货物吞吐达49.96万t，增长率达181.6%。到发班列涵盖中欧、中亚国际班列，进口冷藏集装箱专列，电解铜专列，木材专列以及棉纱、粮食专列等（表1-3）。

表1-3　新区中川北站班列以及货运量统计表

年份	2015—2016年	2017年	2018年	2019年	2020年
班列/列	4	80	30	117	278
出口货运量/万t	—	7.70	15.60	17.74	49.96
增长率/%	—	—	102.6	13.7	181.6

　　目前，保税区和口岸之间缺乏联动，多式联运尚属起步阶段。保税区没有依托口岸建设，两地之间相距13km，尚未建成一体化联动系统，暂未建立完善的空铁公多式联运通道。

　　近十年中川机场的客流量增加了4.26倍。但从全国机场的年旅客吞吐量来看，2019年，全国年旅客吞吐量超1000万人次的机场有39个，旅客量较上年降低0.3%；年旅客吞吐量200万～1000万人次机场有35个，旅客量较上年提高0.2%；年旅客吞吐量200万人次以下的机场有165个，旅客量较上年下降0.1%。显然，大城市机场年旅客吞吐量受人口上限、高铁便捷性等因素影响较大。截至2020年，兰州市航空客运量占比16.6%，铁路客运量占比30.6%。当高铁等快速铁路发展到"米"字形时，铁路对外出行将更加便捷，其占比也将逐步提升（图1-16）。

图1-16 新区口岸示意图

全省陆港建设存在同质化问题，普遍存在规划缺乏统筹指导，设施建设重复，目标方向不明晰等问题。地区之间、行业之间、企业之间缺乏对规划的充分沟通和有效对接，造成资源聚集辐射能力不强，同质化竞争突出。兰州国际陆港和兰州新区综合保税区在布局和功能上有重合。与此同时，物流业区域发展不平衡、不协调，兰州地区物流业发展较快，其他地区相对缓慢；城市物流比较发达，农村物流相对落后。当前，铁路物流空间布局均较为分散，难以发挥整体优势（表1-4）。

表1-4　国际陆港对比表

	兰州国际陆港	中川北站物流园	武威国际陆港
班列/列	360	278	126
货运值/亿元	21.78	—	23.54
产品	铝、石化产品、建材、粮食、木材、肉类、汽车、农副产品	电解铜、木材以及棉纱、粮食	木材、肉类进出贸易加工、通道物流、电子商务
规模/km²	18.50	—	16.35（中心区）
开放口岸	中欧、中亚、南亚	中欧、中亚	中欧

5. 货运铁路渐成雏形，客运铁路建设持续推进，但均分散难以形成规模

截至2020年，兰州新区已建成的铁路里程达到135 km，其中通车里程93 km。货运铁路网方面，中马铁路、朱中铁路正线已经建设完成，兰新、包兰两条国铁干线已连接，基本形成货运铁路环线。铁路专用线益海嘉里、兰粮专用线与朱马铁路已有效衔接，铁路货运网渐成雏形。客运铁路网方面，2015年9月30日，中川城际铁路正式开通运营。2017年至今，中兰客专、兰张铁路三四线中川至武威段相继开工建设，新区交通区位优势逐步凸显，快速客运由尽端节点式逐步转变为枢纽放射式。中兰客专项目起点位于宁夏中卫市，经白银市平川区、靖远县、白银区进兰州新区，由树屏镇接入兰州西客站；兰张铁路三四线中川至武威段线路起点位于中川机场站，终点至武威东站，全长194.27 km；机场综合交通枢纽环线铁路是兰州中川国际机场东西航站楼间捷运系统的补充，是兰新高铁通道兰州至张掖三四线引入机场的重要配套设施，线路全长14.01 km（图1-17）。

虽然兰州新区的客运、货运站已基本形成，但整体上分布分散，规模较小且自成体系。加之缺乏全路性的现代物流节点发展的宏观规划指导，资源配置科学化程度不高，制约了铁路向现代物流发展的步伐，致使货运枢纽难以形成规模，铁路客运站难以承担多条城际铁路停靠。

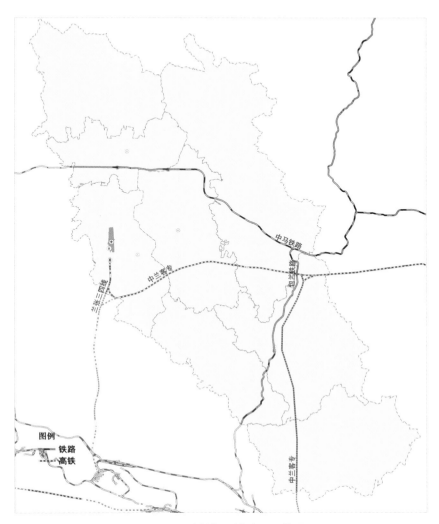

图 1-17　兰州新区铁路网现状图

注：该图基于甘肃省标准地图在线服务系统审图号为甘 S（2021）91 号的标准地图制作，底图无修改。

6.公路建设稳步推进，网络体系有待完善

兰州新区范围内现有连霍高速、京藏高速、景中高速、机场高速、G341 线（白银至中川段）、S101 线、水秦路（S102）等公路，放射状公路网基本形成，为兰州新区对外交通提供了有力支撑。中通道（兰州新区至兰州市区）、T3 航站楼连接线正在建设之中。同时，兰州新区内部农村公路建设有序推进，截至 2020 年，建成各级农村公路（县、乡、村道）总里程达 471 km，其中，县道 87.9 km，乡道 10.2 km，村道 372.9 km，安全畅通的农村交通网络已搭建完成。

对外通道建设正在稳步推进，但对外快速道路直接与城市道路连接，缺乏城市外围环线，如水秦快速路与城区经十五路之间的连接。水秦快速路为双向八车道，行车速度可达到 120 km/h，经十五路虽然定位为快速路，但现状是与城区东西向道路平交，实际为城区交通性主干路，二者直接连接导致城区内部出行时间较长。另外，新区向西方向的快速通道尚未打通，通往永登需绕行机场高速、连霍高速（图 1-18）。

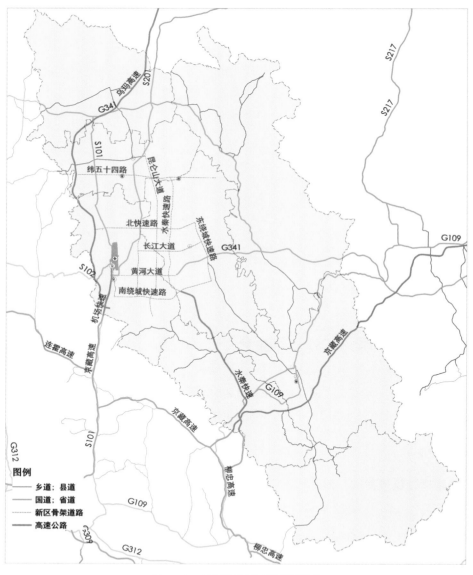

图 1-18　兰州新区公路网现状图

注：该图基于甘肃省标准地图在线服务系统审图号为甘 S（2021）91 号的标准地图制作，底图无修改。

7.宽马路、疏路网，与生活组团的适配度不高

（1）城区现状路网结构

兰州新区城区路网框架基本成形，现状主要采用方格式路网。由于兰州新区早期定位为兰州市的产业功能区，主要布局工业用地，故规划道路网间距相对较大，约600 m〔符合《城市综合交通体系规划标准》（GB/T 51328—2018）〕。目前省内类似的城市还有金昌市。金昌市为典型的工业城市，片区路网间距达到540～700 m。

兰州新区城区道路网里程由2010年的75 km增长到2020年的559 km，路网密度约4.7 km/km²（按建成区120 km²计算）。2012—2014年是兰州新区路网建设最快时期，2015年后建设速度放缓（图1-19）。

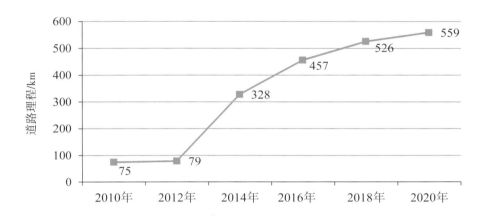

图1-19　兰州新区城区路网里程变化趋势图

初步形成"三横·三纵"快速路网和"七纵·十一横"骨架主干路网的布局。七纵，从西向东依次为天山大道、凤凰山路、经五路、兴隆山路、昆仑山大道、经二十七路、北斗路；十一横，从北向南依次为经三十四路、经三十二路、经二十六路、石羊大街、疏勒河街、嘉陵江街、汉水街、白龙江街、中川街、渭河街、湟水河街。

（2）城区路网结构存在的主要问题

从兰州新区早期承担的产业职能来看，新区路网布局基本合理，为了解决干路两侧建筑开口过多而对主线交通造成影响的问题，城区主干路网采用"主路+辅路"的断面结构。但随着兰州新区职能的不断变化，居住人口的增加，新区由原来单一的产业园区逐渐向职住一体的新城发展，原有的"宽马路、疏路网"的道路结构已经与当前追求的"窄马路、密路网"的生活型道路要求不相适应，逐渐带来了一系列交通问题，如交通拥堵、潮汐交通、行人过街不便捷等。

快速路系统暂未成环，中心城区到达外围高快速路耗时长。兰州新区城区道路较宽，且交叉口多数为平交，车辆进出城区均拥堵在进出口，加之由于城区空间尺度大，中心城区到达外围高快速路耗时长。

节点交通拥堵、潮汐交通、行人过街不便捷。兰州新区城区路网宽度多为50 m以上，宽马路造成生活区行人过街很难在一次绿灯时间内通过，通常需要二次接续过街，耗时较长。另外，兰州新区城区对外快速通道相对单一，目前其主要通过经十五路与兰州市区联系，这就造成了潮汐交通的出现。

路网密度较低（约4.7 km/km²），生活型道路缺乏。兰州新区城区路网间距为600 m左右，宽马路导致路网密度相对较低。根据研究表明，若要路网密度达到8 km/km²，则道路网间距需要控制在300 m以内。

城区路网部分辅路路权不明确。目前兰州新区辅路主要定位为非机动车道与公交专用道，但实际其主要承担沿线通道的车辆出入，各类车辆混行严重，路权不明确。

（四）土地利用

（1）未利用地占比高

根据兰州市2020年国土变更调查成果：2020年末，兰州新区未利用地（裸土地、裸岩石砾地、其他草地、盐碱地）面积为1808.69 km²，占新区土地总面积的63.57%，与黄土梁峁沟壑丘陵区高度重叠，多在坡度大于25°的地区。这些未利用地以沙地、荒滩和山地丘陵为主，其作为兰州新区土地整治的后备土地资源，利用潜力较大（图1-20）。

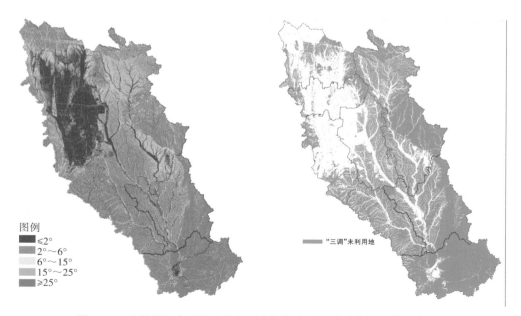

图例
- ■ ≤2°
- ■ 2°～6°
- ■ 6°～15°
- □ 15°～25°
- ■ ≥25°

—— "三调"未利用地

图1-20　兰州新区全域坡度分级（左）与未利用地（右）分布示意图

注：该图基于甘肃省标准地图在线服务系统审图号为甘S（2021）91号的标准地图制作，底图无修改。

（2）耕作条件差异较大

兰州新区域内整体平地（水浇地）少、坡地（旱地）多，降水空间分布与平地、坡地的分布相反。平地主要集中在降水量为300 mm以下的秦王川盆地，依赖引大入秦工程灌溉，其占耕地总规模约56%，耕地质量等级为11—13等；坡地多分布在降水量为300 mm以上的区域，其占耕地总规模约44%，主要细碎"枝"状密集分布在黄土梁峁区沟谷内，灌溉系统难以覆盖，耕地质量等级为13—14等（图1-21）。

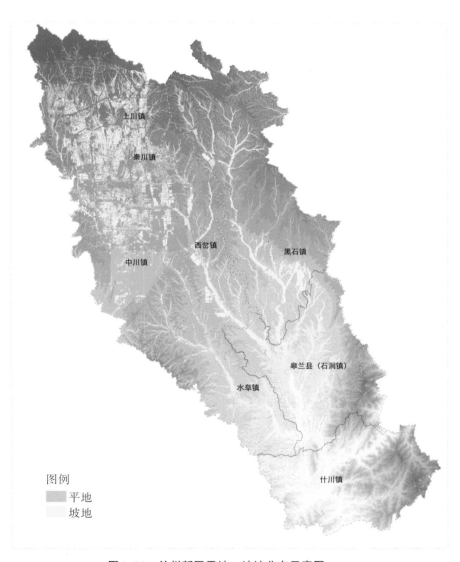

图1-21　兰州新区平地、坡地分布示意图

注：该图基于甘肃省标准地图在线服务系统审图号为甘S（2021）91号的标准地图制作，底图无修改。

（3）建设用地增幅较大

为保证土地利用结构和布局数据分析的连续性，本次土地利用结构变化分析，采用的是兰州新区8个乡镇2010—2018年的历年变更数据。2010年兰州新区现状农用地、建设用地、其他土地比例为29.4∶3.9∶66.7。至2018年，其比例调整为27.0∶7.7∶65.3，与2010年相比，建设用地增加幅度较大，增加了99.35 km²。

最适宜耕地分布区与最适宜建设用地区高度重合，建设用地与耕地"争地"现象比较突出。耕地与建设用地、耕地与生态用地、建设用地与生态用地之间存在的矛盾，使得城市化、耕地保护和生态建设之间互相制约、彼此限制。区域内的光、热、水、土组合极不平衡，大部分土地因降水不足而成为无法开发利用的荒草地和难利用地，甚至部分平坦土地亦因灌溉不到而难以开发。这均在一定程度上限制了土地的供给能力。

第二章　兰州新区的战略机遇共识

第一节　贯彻新发展理念

1.紧紧围绕生态文明建设，树立发展和保护相统一理念

党的十八大以来，以习近平同志为核心的党中央从中华民族永续发展的高度出发，深刻把握生态文明建设在新时代中国特色社会主义事业中的重要地位和战略意义。党的十九大将美丽中国作为建成社会主义现代化强国的奋斗目标之一，并作出具体部署，明确到2035年美丽中国建设目标基本实现。要深入践行习近平生态文明思想，牢固树立绿水青山就是金山银山的发展理念，把生态环境保护建设作为重大政治责任，谋发展、作决策、上项目，始终把生态环境保护放在优先考虑的位置。坚决摒弃以牺牲环境换取一时经济增长的发展模式，推动在高质量发展中实现高水平保护，在高水平保护中促进高质量发展。

兰州新区应紧紧围绕生态文明建设的要求，坚持山水林田湖草是一个生命共同体，树立发展和保护相统一的理念，进一步促进改革创新，加大对外开放，转变发展方式，倡导绿色生活方式，加快构建绿色生态产业体系，努力让绿色成为新时代兰州新区高质量发展的底色。

2.严格落实粮食安全战略，探索高标准农田建设新模式

党的十八大以来，以习近平同志为核心的党中央把粮食安全作为治国理政的头等大事，提出了"确保谷物基本自给、口粮绝对安全"的新粮食安全观，确立了以我为主、立足国内、确保产能、适度进口、科技支撑的国家粮食安全战略，走出了一条中国特色粮食安全之路。中国坚持立足国内保障粮食基本自给的方针，实行最严格的耕地保护制度，实施"藏粮于地、藏粮于技"战略，持续推进农业供给侧结构性改革和体制机制创

新。粮食生产能力不断增强，粮食流通现代化水平明显提升，粮食供给结构不断优化，粮食产业经济稳步发展，更高层次、更高质量、更有效率、更可持续的粮食安全保障体系逐步建立，国家粮食安全保障更加有力，中国特色粮食安全之路越走越稳健、越走越宽广。粮食安全事关人民安居乐业、社会安定有序、国家长治久安。要千方百计保护好耕地，耕地红线不仅是数量上的，而且是质量上的。农田就是农田，要采取"长牙齿"的硬措施，落实最严格的耕地保护制度，依法依规做好耕地占补平衡，规范有序推进农村土地流转，坚决遏制耕地"非农化"、防止"非粮化"。农田必须是良田，要建设国家粮食安全产业带，加强高标准农田建设，加强农田水利建设，实施黑土地保护工程，加强农业面源污染治理。

兰州新区以先行先试的政策优势，以提升耕地质量、配套完善农业基础设施、提高粮食产能为目标进行高标准农田的建设与土地资源整合，探索未利用地生态修复与高标准农田建设的新模式，以期为兰州市高标准农田建设做有益的探索与补充。

3.坚持以人为中心发展思想，打造有魅力的城市人居环境

新经济时代，城市发展的方向发生了变化，由原来的以经济发展为中心开始转向以人为中心，回归了以人为本的"五位一体"。人才取代传统因素，成为一个地区经济发展之决定因素。习近平总书记说过，人才是创新的根基，创新驱动实质上是人才驱动。同时，城市的发展方式也发生了变化，由以土地为中心变为以人为核心，从以扩张为主变为以结构优化和质量提升为主，从依托工业驱动向多元动力推动转变，从注重自身做大做强转向区域协同、分工合作，从以房地产为重点转向以基础设施和公共服务供给为主，从重生产空间转向统筹三生空间等。未来城市是现代之城，更应该首先是生活之城、文化之城和生态之城。要坚持以人为本，做好城市工作，重点要顺应城市工作新形势、改革发展新要求、人民群众新期待。坚持以人民为中心的发展思想，坚持城市为人民服务。兰州新区要改变自身发展方式，要以人为中心，从人的基本需求出发，进一步完善城市基础设施和公共服务设施，增强自身城市魅力。

按照城市发展的一般规律，其发展大体要经历四个阶段，即从生存阶段向基础阶段，到进阶阶段，再到生活品质阶段。进入新时代，我国实际上已经进入内涵提升和品质优先的新阶段。近两年，中国经济发展进入新常态，经济增长速度由高速转为中高速，经济发展模式主要是进行经济结构的优化调整。与此同时，城镇化水平也呈现出平稳提高的态势。随着我国经济发展进入新常态，城市发展重心也发生了转变，由原来重规模、重速度、关注空间扩张为主，转向重品质、重内涵发展、关注建成空间品质提升。发展理念也从重增长、重经济、重建设转向重人才、重创新、重环境的新时期新理念。城市品质提升是更加突出以人为核心、具有可持续性的发展目标，从环境、文化、空间、活动、设施等方面营造有魅力、有特色、有活力的富有人性化空间场所的城市人居环境。而多样的城市公共空间、完善的城市公共设施、绿色的城市出行方式、丰富的历史文化资源等关键要素，是良好城市品质的重要组成部分。

兰州新区未来要从单纯的产业基地向产业新城转变，要更加注重发展质量的提升，打造有魅力的城市人居环境，吸引人口集聚，完善城市功能。

第二节　立足新发展阶段

一、西部大开发形成新格局

1999年，国家提出实施西部大开发战略，加快中西部地区发展。2010年，国家提出深入实施西部大开发战略的若干意见，进一步促进西部地区的发展。随着西部大开发战略的实施，西部地区经济发展取得了较好的成绩。

2019年，中共中央、国务院发布《关于新时代推进西部大开发形成新格局的指导意见》，意见指出，推进西部大开发形成新格局，要围绕抓重点、补短板、强弱项，更加注重抓好大保护，从中华民族长远利益考虑，把生态环境保护放到重要位置，坚持走生态优先、绿色发展的新路子。要更加注重抓好大开放，发挥共建"一带一路"的引领带动作用，加快建设内外通道和区域性枢纽，完善基础设施网络，提高对外开放和外向型经济发展水平。要贯彻新发展理念、构建新发展格局、推动高质量发展，深化供给侧结构性改革，促进西部地区经济社会发展与人口、资源、环境相协调。同时提出继续实施差别化用地政策，新增建设用地指标进一步向西部地区倾斜，合理增加荒山、沙地、戈壁等未利用地开发建设指标。

兰州新区是西部地区经济发展的重要支撑点，需抢抓西部大开发的机遇，加强枢纽和通道建设，利用差别化的土地政策适度增加兰州新区荒山等未利用地建设，增强自身空间承载能力。

二、黄河流域生态保护和高质量发展

2019年9月18日上午，习近平总书记在郑州主持召开黄河流域生态保护和高质量发展座谈会并发表重要讲话。习近平总书记指出，黄河流域是我国重要的生态屏障和重要的经济地带，是打赢脱贫攻坚战的重要区域，在我国经济社会发展和生态安全方面具有十分重要的地位。保护黄河是事关中华民族伟大复兴和永续发展的千秋大计。加强黄河治理保护，推动黄河流域高质量发展，积极支持流域省区打赢脱贫攻坚战，解决好流域人民群众特别是少数民族群众关心的防洪安全、饮水安全、生态安全等问题，对维护

社会稳定、促进民族团结具有重要意义。要坚持绿水青山就是金山银山的理念，坚持生态优先、绿色发展，以水而定、量水而行，因地制宜、分类施策，上下游、干支流、左右岸统筹谋划，共同抓好大保护，协同推进大治理，着力加强生态保护治理，保障黄河长治久安，促进全流域高质量发展，改善人民群众生活，保护传承弘扬黄河文化，让黄河成为造福人民的幸福河。

2020年1月3日在中央财经委员会第六次会议上，习近平总书记强调"要实施水源涵养提升、水土流失治理等工程，推进黄河流域生态保护修复"，明确将黄河流域生态保护和高质量发展提升为重大国家战略。

《黄河流域生态保护和高质量发展规划纲要》中指出，"以减少入河入库泥沙为重点，积极推进黄土高原塬面保护、小流域综合治理、淤地坝建设、坡耕地综合整治等水土保持重点工程""以陕甘宁青山地丘陵沟壑区等为重点，开展旱作梯田建设，加强雨水集蓄利用，推进小流域综合治理"。

兰州新区是黄河流域重要的国家级新区，须贯彻落实新时代习近平总书记提出的黄河流域生态保护和高质量发展的战略，坚持山水林田湖草生命共同体的发展理念，做好自身生态建设，加强生态修复和生态治理，同时贯彻绿色生态发展理念，实现高质量发展。

三、兰州—西宁城市群发展规划

2018年，国家发展改革委与住房城乡建设部印发的《兰州—西宁城市群发展规划》指出，培育发展兰西城市群有利于保障国家生态安全，有利于维护国土安全和促进国土均衡开发，有利于促进"一带一路"建设和长江经济带发展互动，有利于带动西北地区实现"两个一百年"奋斗目标。目前，两省两市已在原有互动基础上加紧联系，逐步推动基础设施建设和互动政策制定。

《兰州—西宁城市群发展规划》中，兰白都市圈涵盖甘肃省兰州市、白银市、定西市、临夏州四市（州），其内有兰州新区与兰白国家自主创新示范区两大核心国家级平台。以政策区为载体，龙头带动，发挥效率优势，建立协作走廊，通过差异化分工产生联动发展效应是国家级平台的核心任务之一。

第三节　构建新发展格局

一、重塑国土空间格局，优化保护和发展

以生态保护优先，推进高质量发展，引导高品质生活、实现高水平治理为原则，识

别兰州新区保护和发展的战略空间，重塑兰州新区国土空间格局，优化保护和发展功能分区，预留战略发展空间。调整生态保护红线、永久基本农田保护红线和城镇开发边界的矛盾冲突，对现有零散分布的基本农田采取化零为整、空间置换、高标准农田建设等方式，实现永久基本农田的提质增量。落位国家战略定位，拓展新区腹地空间，提升发展动力，丰富发展内涵，实现区区合一，助推兰西城市群发展，为"一心两翼"战略总体谋划构建空间落地平台。兰州新区城市发展方式要从"产"的聚集和"城"的建设两方面着力入手，实现从产业新城向产城融合的过渡。有序承接主城区产业服务功能，培育特色产业集群，推进产城融合、产教融合发展。城市发展格局要从集中建设式向组团式转变，提高城市发展效率，确保城市生态空间，促进城市生活生产空间与生态空间互融。

二、用好创新驱动平台，提高生产力水平

科技创新是未来城市发展的新动力。科技创新具有乘数效应，不仅可以直接转化为现实生产力，而且可以通过科技的渗透作用放大各生产要素的生产力，提高社会整体生产力水平。未来城市的发展对科技创新提出新的更高要求，全国人民对美好生活的向往寄予科技创新更高期待。

兰州新区要推动科技创新，做大做强兰白国家自主创新示范区和丝绸之路国际知识产权港两大平台，实现传统特色产业提质增效、战略性新兴产业提速发展、自主创新能力提升三大创新支撑计划，集聚国际国内创新要素，形成一批高精尖的科技应用成果，打造我国西部地区创新驱动发展新高地。努力承接国家科学中心、技术转移中心等重大科技基础设施建设，推动兰州研发能力提升和科研成果孵化。鼓励企业联合高校与科研院所、先进企业总部等打造产业技术创新联盟，建设成果转化中试产业园。对接国家"东数西算"产业联盟，完善兰州新区大数据产业园建设，探索面向"一带一路"沿线国家和地区的离岸数据中心试点示范，发展离岸数据存储处理和灾备服务，打造丝绸之路信息港。

三、用活差别化土地政策，增强自身空间承载

《中华人民共和国土地管理法》鼓励开发未利用地，且适宜开发为农用地的，应当优先开发成农用地。逐步支持未利用地开发为建设用地，试点探索。

2006年，《国务院关于加强土地调控有关问题的通知》提出，建设占用未利用地指标与建设占用农用地和耕地同样纳入计划管理之列，作为土地利用计划年度考核的依据。

2008年，《国务院关于促进节约集约用地的通知》提出，要积极引导使用未利用

地。同年，《全国土地利用总体规划纲要（2006—2020年）》提出，充分利用未利用地拓展建设用地空间以及充分发挥未利用地的生态功能，保护基础性生态用地。

2012年，国土资源部（现自然资源部）正式批复甘肃省开展未利用地开发试点工作方案。首批试点在兰州市、白银市辖区范围内进行，每市选择2～3个项目区开展试点，试点期限为2012—2016年，年均建设开发规模控制在10 km²以内。实现各类建设少占地、不占或少占耕地，以较少的土地资源消耗支撑更大规模的经济增长。

2019年，中共中央、国务院《关于新时代推进西部大开发形成新格局的指导意见》提出，继续实施差别化用地政策，新增建设用地指标进一步向西部地区倾斜，合理增加荒山、沙地、戈壁等未利用地开发建设指标。

第三章　兰州新区的空间格局探索

国土空间发展格局是地区发展目标、发展战略和发展形式在地区国土空间上的体现。国土空间发展格局是否合理，决定了一个地区能否实现长期可持续发展，能否在发展中实现人与自然相协调，能否实现经济社会活动在空间关系上的协调。党的二十大报告中，针对自然资源管理提出了"优化国土空间格局"的重大要求。然而，当前不同行政单元的规划对应的空间发展权长期存在行政边界壁垒，行政单元之间政策的错位不利于国土空间格局优化和资源要素的配置。尤其对于兰州新区而言，其在西北乃至国家层面具有重要使命，在跨区域协同和创新发展、要素集聚与空间统筹等方面的需求极为迫切。因此，为了整体效益，在兰州新区国土空间格局研究问题上，需要一次整合、创新甚至重构。

本章立足兰州新区地方资源环境和自身能力，突破新区自身行政单元限制，试图通过建立更大区域尺度的空间协调框架，形成空间资源配置的整体合力，并按照"自上而下、层层递进"的思路，探索形成以兰西城市群为尺度的宏观研究，以兰白都市圈为尺度的中观研究，以及以兰州都市区为尺度的微观研究三个维度，并总结提炼不同空间维度对兰州新区国土空间规划和发展的具体要求，最终形成兰州新区自身国土空间格局构建的上位指引。

第一节　基于兰西城市群尺度的宏观研究

一、研究尺度范围

本节从兰西城市群范围内选取甘肃省境内兰州市（含兰州新区）的114个乡镇，白银市白银区、靖远县的10个乡镇作为宏观尺度研究对象，总面积10 765.8 km²（表3-1）。

表3-1 宏观规划研究范围表

市级行政单元	县区级行政单元		乡镇（街道）级行政单元
兰州市	永登县	7个	上川镇、柳树镇、大同镇、龙泉寺镇、树屏镇、红城镇、苦水镇
	皋兰县	4个	水阜镇、什川镇、石洞镇、黑石镇
	榆中县	11个	和平镇、定远镇、连搭镇、城关镇、夏官营镇、金崖镇、青城镇、哈岘乡、清水驿乡、小康营乡、马坡乡
	兰州新区	3个	西岔镇、中川镇、秦川镇
	红古区	1个	平安镇
	西固区	21个	全部乡镇及街道
	安宁区	14个	全部乡镇及街道
	城关区	32个	全部乡镇及街道
	七里河区	21个	全部乡镇及街道
白银市	白银区	6个	武川乡、纺织路、王岘镇、强湾乡、水川镇、四龙镇
	靖远县	4个	刘川乡、北湾镇、糜滩乡、三滩乡

研究范围地处兰西城市群内水土资源组合条件较好的地区。该地区内黄河、湟水谷地建设用地条件较好；有色金属、非金属等矿产资源和水能、太阳能、风能等能源资源富集；石油化工资源综合利用、装备制造等优势产业体系基本形成；新能源新材料和循环经济基地建设初具规模；科技力量较强，对物理、生物、资源环境的研究具有优势。同时也存在一些问题：中心城市带动能力还不强，兰州、白银城市功能和综合承载能力不足，发展空间受限，综合实力较弱，"城市病"日益凸显；中等城市缺位，小城镇数量占比虽然大但发展不足；区域内发展短板和制约瓶颈也比较多，比如交通、信息、水利等基础设施建设滞后，骨干路网等级低，城际网络不健全，路网密度低等；同时在基本公共服务体系构建方面也存在短板。

二、研究意义及必要性

城市群是国土空间格局优化的重要空间载体形式之一。进入21世纪以来，特别是"十一五"规划纲要提出推进以城市群为主体形态的城镇化以后，我国进入了城市群建设时代，城市群成为当前最为活跃的区划活动之一。在过去的很多年间，我国的城市群国土空间开发普遍粗放，各类型空间相互竞争，引发了城市群内城镇建设用地扩张、生态环境失衡、城镇体系结构失序等系列问题。当前，随着国土空间规划的全面推进，兰西城市群开始进入纵深发展阶段。因此，准确把握新时代新征程国土空间规划的新要求，推进基于兰西城市群宏观尺度的国土空间格局优化，形成主体功能明显、优势互补、高质量发展的国土空间体系，对于促进该城市群第三极——兰州新区的国土空间格局优化及高质量发展和生态文明建设具有重要意义。

下面从三个方面对基于宏观尺度研究的必要性展开叙述。首先，在资源紧约束条件下，宏观尺度的空间承担着维护区域生态安全的重要使命；第二，基于"一带一路"倡议的视角，兰州市（含兰州新区）是国家重要的向西开放节点城市；第三，基于文化视角，论述该区域在黄河文化的传播中承担的重要作用。

（1）助推黄河中游生态治理，为维护区域生态安全贡献力量

兰西城市群地处我国第一阶梯地形向第二阶梯地形的过渡带，北仗祁连余脉，中拥河湟谷地，南享草原之益，周边有国家生态安全屏障，最大的价值在生态，最大的责任在生态，最大的潜力在生态，既有承担生态保护的重大责任，也有将潜在生态优势转化为现实经济优势的良好条件。同时，兰西城市群又处于青藏高原生态屏障、黄土高原—川滇生态屏障和我国北方防沙带之间，是"两屏三带"的连接、过渡和缓冲地区，对西北草原荒漠化防治、青藏高原江河水源涵养、黄土高原水土保持有重要的生态示范意义。因此，围绕支撑青藏高原生态屏障建设和北方防沙带建设，引导人口向城市群适度集聚，建立稳固的生态建设服务基地，形成城市群集约高效开发、大区域整体有效保护的大格局，统筹推进山水林田湖草综合治理，努力改善生态环境质量，切实维护黄河上游生态安全，是兰西城市群最重要的生态屏障任务。

（2）国家重要的向西开放节点城市

改革开放以来，我国的开放窗口主要集中在东部沿海地区。近年来，世界经贸格局发生变化，中国迎来了新的发展方向和机遇，环印度洋地区将成为全球发展潜力最大的地区之一。通过"一带一路"倡议，深挖与"一带一路"沿线国家和地区的合作潜力，提升新兴经济体和发展中国家在我国对外开放格局中的地位，重塑国家对外开放方向，促进我国中西部地区和沿边地区对外开放，推动东部沿海地区开放型经济率先转型升级，实现由沿海到多向的转变，进而形成海陆统筹、东西互济、面向全球的开放新格局。

兰西城市群自古就是古丝绸之路的锁匙之地和交通要道，是中西方交流和贸易的重要地区。现今，兰西城市群处在欧亚大陆桥经济走廊、中巴经济走廊和中缅印经济走廊之上，直接抵达两个国家的出海口（巴基斯坦瓜达尔港和缅甸皎漂港/吉大港），区位格

局实现了从沿边到内陆的转变，因此在未来的开放格局中优势明显。向西开放是国家赋予兰西城市群的新的历史使命，基于"一带一路"背景下的城市群应该进一步发挥其走廊和节点优势，与沿线地区协调发展。

（3）兰西城市群在黄河文化传播中承担的重要作用

西宁和兰州文化同源，同属"两山夹一沟"地形，是黄河流域人类活动最早的地区之一。而基于宏观研究的地理范围也是农耕文化和游牧文化交织、融合、演变的地区，其城市山水相依，民俗相近，文化多源并出、多元兼容、遗存丰富。

三、国土空间格局优化建议

落实主体功能区战略和制度，依据资源环境承载能力和国土空间开发适宜性评价，结合兰西城市群内城镇资源承载力、粮食安全要求、生态保育要求，以县区为单位，科学预测未来发展趋势、发展规模、发展需求，差异化设定城镇建设用地拓展标准，鼓励山地丘陵边缘带退耕还林、退牧还草、退人居还自然，促进兰西城市群紧凑集约发展。下面主要从四个方面对基于宏观层面的兰州新区国土空间格局优化提出建议。

（1）强化国土空间分区管控

按主体功能定位实施分类指导。重点开发区要积极推进产城融合和循环经济、低碳经济发展，适度扩大城镇空间，严格保护绿色生态空间，强化产业和人口集聚能力；农产品主产区要加强耕地保护，优化农业结构，推动现代农业发展；重点生态功能区要把增强生态产品供给能力作为首要任务，严控各类开发活动，因地制宜发展符合主体功能定位的适宜产业。

（2）细化落实国土空间管控单元

创新差异化协同发展机制，实现主体功能定位在各县（市、区）精准落地。坚持生态优先，划定并严守生态保护红线，确定生态空间。依次确定农业、城镇空间范围，并划定永久基本农田和城市开发边界。生态空间、农业空间原则上按限制开发区进行用途管制，其中生态保护红线范围内原则上按禁止开发区进行用途管制，永久基本农田一经划定，任何单位和个人不得擅自占用或改变用途。城镇空间按照集约紧凑高效原则实施从严管控。

（3）引导人口稳定增长和适度集聚

适度集聚，优化人口空间分布。加快治理兰州和西宁两市城市布局不够合理、交通拥堵比较严重、大气污染较为突出的"城市病"，提高城市宜居度，进一步集聚人口；加强中心城市与中小城市、卫星城镇互联互通，推进优质教育、医疗等资源向中小城市和条件较好的县城倾斜布局，提高其人口承载能力；创新公共服务提供方式，通过远程服务、流动服务等，稳住小城镇、农牧区居民点人口，为均衡开发和维护国土安全提供人口基础。

（4）构建"一带·双圈·多节点"格局

在由《兰州—西宁城市群发展规划》中提出的"一带·双圈·多节点"格局中凸显和深化兰州新区战略地位，培育兰西城市群新的增长极，以点带线、由线到面拓展区域发展新空间。加快兰州—白银、西宁—海东都市圈建设，重点打造兰西城镇发展带，并由其带动周边节点城镇发展。

四、基于宏观尺度的新要求

（1）主动融入区域生态安全格局，为维护区域生态安全贡献力量

生态安全是用于表征生态系统健康和完整性的重要指标，对于实现城市和城市群的可持续和高质量发展及提升人类福祉至关重要。根据前文分析，兰西城市群特殊的地理区位决定了其在维护区域生态安全格局构建中具有举足轻重的作用。构建城市群内的生态安全格局，有利于区域生态–生产–生活空间的整合和优化配置，可以有效降低城市化的负面影响，实现城市群的高质量发展。目前开展的生态安全格局基本是在县市级行政空间尺度上。从城市群一体化的角度研究生态安全格局，可以解决在城市尺度上无法解决的问题，并能够减少行政边界对自然生态系统源和廊道连通性的影响，进而在区域生态安全格局的基础上找准兰州新区的生态使命。按照这一思路，构筑区域生态安全格局，通过加强河湖、湿地、森林、草原、荒漠、山体等重要生态空间管制，实施重大的跨区域生态保护与修复工程，共同维护区域生态安全。同时推进水环境质量分区管控，通过大气污染联防联控等手段实施城市群环境共治。兰州新区作为兰西城市群的重要节点城市，在国土空间格局构建中，应全面贯彻"山水林田湖草是一个生命共同体"理念，以改善生态环境质量为核心，以流域综合治理为重点，加强生态保护和环境治理，维护黄河上游地区生态安全。主动融入区域生态安全格局，优先划定生态廊道、斑块，加快新区北风沙防护林、机场西生态林等重点工程建设，为维护区域生态安全贡献力量。

（2）培育兰西城市群新的增长极，完善区域高质量发展战略空间

目前，兰州和西宁主城区城市空间已无力大规模扩张，两座城市都需要思考城市空间格局的重构问题。事实上，兰州市近几年基于兰西城市群战略布局也在不断优化城市发展方向：向东方向发展榆中生态创新城，推动科技创新发展，并进一步改善兰州中心城区空间发展压力；向西方向发展红古区，对接青海省的海东和西宁都市圈；向北方向壮大兰州新区。随着兰州新区与主城区的不断融合，兰州的发展已然得到壮大，正在撬动兰西城市群的崛起。但实现兰西城市群的可持续发展，还需要积极培育新的增长极。兰州新区作为兰西城市群内主要的政策叠加区，其优越的区位和战略使命决定了它在助

力兰西城市群建设中的不可替代性。近年来，产业和人口的不断涌入为兰州新区注入了源源不断的新活力，加之其极具优势的开放性与包容性，未来兰州新区将有潜力成为兰西城市群最大的变量。因此，在兰西城市群战略布局中积极争取"机会空间"，通过支撑兰州新区发展与建设，弥补兰西城市群中等城市缺位问题，并以兰州新区为纽带，促进西宁与兰州主城抱团发展，协调兰州与西宁都市圈发展方向不一致问题，最终破解兰西城市群发展瓶颈。在这一过程中，兰州新区也要做好准备积极响应，通过上下合力，实现高质量发展。

第二节　基于兰白都市圈尺度的中观研究

都市圈是城镇系统最重要的一种组织形式，是以一个或多个中心城市为核心，以发达的联系通道为依托，核心城市吸引辐射周边城市与区域，并促进城市之间的有机联系与协作分工，形成具有区域一体化发展倾向、并可实施有效管理的城镇空间组织体系，是城镇化进程中区域城镇系统组织的高级阶段。本节以兰白都市圈为基础，重点结合兰白经济区发展规划和主体功能定位，从提升空间承载能力，加快都市圈同城化、一体化进程角度出发，统筹兰州新区和白银国土空间布局。

一、研究尺度范围

本节基于兰白都市圈视角，将中观尺度研究范围界定为4个县区的24个乡镇，涵盖兰州市永登县、皋兰县、兰州新区，白银市白银区、靖远县，其总面积约7074 km²（表3-2）。

表3-2　中观尺度研究范围表

市级行政单元	县区级行政单元		乡镇(街道)级行政单元
兰州市	兰州新区	3个	秦川镇、中川镇、西岔镇
	永登县	6个	上川镇、柳树镇、大同镇、龙泉寺镇、树屏镇、中川镇
	皋兰县	6个	忠和镇、九合镇、水阜镇、什川镇、石洞镇、黑石镇
白银市	白银区	5个	武川乡、纺织路、王岘镇、强湾乡、水川镇、
	靖远县	4个	刘川乡、北湾镇、糜滩乡、三滩乡

研究范围区域内的大部分地区干旱少雨，植被稀疏，生态环境较为脆弱。突出表现为白银区、靖远县等地的土壤侵蚀与水土流失严重，白银区、靖远县、皋兰县等县区的土地沙化、碱化、退化问题突出。近年来，通过退耕还林还草、小流域治理及绿化工程

的进一步深入开展，区域内生态环境恶化势头得到一定程度的遏制，但局部好转、整体恶化的趋势短期难以改变。区域内的兰州新区、白银区等主要城区经过多年发展，基础产业实力雄厚，科教优势明显，已成为西北地区的综合交通枢纽、石油化工基地、有色金属冶炼加工基地、新材料基地、生物医药基地、特色农畜产品开发加工基地，但其余各县表现为低经济总量下的低工业化水平。

二、研究意义及必要性

兰州市和白银市是黄河上游及丝绸之路经济带上的重要城市，也是"一五"时期重点建设的西部工业重镇，是甘肃省工业基础雄厚、科技人才集中、经济增长迅速的区域。黄河沿岸是全省农业生产水平最高的地区。经过三十多年的发展，地处黄河沿岸的兰州主城区已经走过了工业化生产的重要阶段，城市功能从工业生产逐步向生活消费职能和区域服务职能转变。同时，白银市也经历了资源型城市发展的"产生—发展—繁荣"的各个阶段，正面临资源枯竭和城市转型的问题。兰州、白银之间有着十分紧密的市场联系，如何促进两城产业创新发展、优化国土空间布局、强化资源环境支撑是兰白一体化建设中亟须解决的问题。

2009年11月，甘肃省委省政府提出"中心带动、两翼齐飞、组团发展、整体推进"的区域发展战略，其中心为兰白都市圈。这使得兰州与白银区域一体化发展上升到全省发展的核心战略地位。2009年12月，国务院正式批准实施《甘肃省循环经济总体规划》。2010年5月，国务院出台《关于进一步支持甘肃经济社会发展的若干意见》，明确提出建设兰（州）白（银）核心经济区，做大做强石油化工、有色冶金、装备制造、新材料、生物制药等主导产业，将兰白都市圈建设成为西陇海兰新经济带的重要支点，在全省发挥"率先、带动、辐射、示范"的中心作用。《兰州—西宁城市群发展规划》提出，兰白都市圈内部有兰州新区与兰白国家自主创新示范区两大核心国家级平台。总的来说，兰白都市圈在甘肃省区域经济格局中的具有重要的战略地位。

兰州新区是兰白都市圈的重要构成单元，其发展速度快、发展规模大、企业化运行机制健全，未来将发展成为生产、生活、生态功能齐全的现代化新城。但在目前的初始积累阶段，工业集聚与财富创造仍是兰州新区的核心任务。这正好与兰州主城、白银主城的产业转移需求吻合。随着兰州新区获地级市管理权限，其在兰白一小时通勤经济圈中担当城市外延、省会副核、双城融合、产城共融的重任愈发迫切。因此，本研究在中观层面建议，在省域层面借助兰白都市圈建设的契机，创新开展兰白都市圈的国土空间格局研究，统筹兰州主城—兰州新区—白银主城国土空间布局，为区域未来发展空间拓展和实现高质量发展提供新路径。

三、国土空间格局优化建议

（1）加强都市圈国土空间资源统筹配置

一是提升都市圈整体竞争力。引导高端服务业、创新要素、产业基地与区域性大型交通枢纽的协同布局，提高都市圈核心城市能级与区域城镇体系的整体竞争力，进而提升其在区域和全球网络中的主导性地位。二是增强都市圈整体的可持续发展能力。通过生态空间、农业空间和重要生态廊道的预控与修复，增强区域整体抵御灾害的韧性能力和生态安全保障能力。特别是面对持续性压力（气候变化、疫情防控）和突发性事件（台风、洪水、地震、雪灾），需要从韧性网络构成、韧性网络节点、韧性网络廊道等方面加强管控与引导。要做好应对不同灾害情景，突出生态、农业和城镇空间及重大设施网络的韧性应对方案，做好灾害风险空间的系统性评估。

（2）引导都市圈空间的高质量开发、高品质建设

一是，围绕《国家新型城镇化发展规划（2021—2035年）》要求，立足都市圈内外圈层的联动，预防核心城市过度聚集带来的"大城市病"，对核心地区规模容量加以控制，并依托快捷高效的交通网络，将部分功能向郊区新城新区、外围次中心城市和中小城市疏解转移，同时通过区域联动推动都市圈整体的韧性能力提升。二是，凸显都市圈城市与自然生态的融合发展，提升都市圈的生态服务价值。在永久基本农田控制线、生态红线基础上，识别一批跨区域的生态廊道、绿环或绿心，根据资源条件适度植入文旅、创新等功能，形成城市与自然相互融合共生的高品质空间格局。

四、基于中观尺度的新要求

从整个西北层面来看，秦王川位于兰州、西宁、银川三个省会城市的中间位置，同时处于面向我国新疆地区和中亚地区的重要区位，可以说它的发展对兰州发挥整合西北地区资源、支援新疆、沟通中亚具有重要意义。从兰白都市圈尺度来看，秦王川位于兰州、白银两市的接合部，这一地区的发展，能起到加快兰白都市圈统筹发展、促进兰白经济区快速形成的重要作用。因此在新形势要求下，要积极推进都市圈国土空间格局研究，加强统筹国土资源配置，提升都市圈整体竞争力，增强区域整体抵御灾害的韧性能力和生态安全保障能力。兰州新区应主动统筹产业协作，拓展向外辐射的区域协作扇面与经济走廊，以自身为引擎加强与"三横三纵"兰西城市群通道衔接，构建兰西城市群北通道（新区至永登—红古、新区至白银、新区至皋兰等级公路），强化与京藏走廊、大陆桥走廊的横向联系，为兰西城市群一体化、网络化发展搭建框架。积极建成兰白都市圈重点城市，进一步优化城市空间布局，加快改善交通和城市生态环境，合理布局人口和产业，形成联系紧密、分工有序的都市圈空间发展格局。进一步优化调整户籍政

策，创新远程服务、流动服务等公共服务提供方式，强化城镇公共服务设施配套，切实增强人口集聚能力等是兰州新区需要侧重关注的要点。

第三节　基于兰州都市区尺度的微观研究

一、研究尺度范围

本节微观尺度的研究范围是在永登县中川镇、秦川镇、上川镇、树屏镇和皋兰县西岔镇、水阜镇6个镇的基础上，核心向皋兰县延伸，新增皋兰县4镇全域（忠和镇、什川镇、石洞镇、黑石镇）和永登县3镇（大同镇、龙泉寺镇、柳树镇）的部分村庄，规划研究范围总面积约3668 km²。重点按照兰州市委市政府"一心·两翼"的总体谋划，从兰州都市区的视角出发，理顺治理主体，识别兰州新区发展腹地，整合空间资源，辐射带动皋兰县的发展。

二、研究意义及必要性

（1）整合盆地资源，为兰州当下及未来发展提供核心承载空间

在空间与水资源双重约束下，兰州市可承载最大建设规模用地占全域土地总面积约6%。适合规模化城市发展的空间仅有黄河河谷区域、秦王川盆地和榆中盆地三处。核心的潜力空间是兰州新区所在的秦王川盆地（占比约40.6%）。作为甘肃省省会城市，兰州集聚了全省三分之一甚至近半的常住人口，提供了全省四分之一的就业岗位，却"拥挤"在狭小的盆地空间内。河谷区域有限的空间与持续的人口流入导致了中心城区尖锐的"人地矛盾"，并由此衍生了交通拥堵、公共服务功能难以满足需求、公共空间稀缺、开发强度大等"城市病"问题。

兰州要破解自然地理条件给城市发展带来的这些弊端，缓解"城市病"，推进城市功能实现"量变"到"质变"，需要放眼全市域，综合考量兰州市域内各城镇的空间位置关系，从市级发展战略角度，向秦王川盆地和榆中盆地布局省会功能。而兰州新区作为市域资源紧约束下最具潜力的空间及国家、省市多重政策叠加区，自然是未来省市功能的重点投放区。因此在兰州新区国土空间格局构建中，需充分考虑其在市级发展战略中的重要作用，整合盆地资源，弹性预留发展备用地，逐步将其建设成为具备充足就业岗位和高水平公共服务能力的发展极，并有效带动周边城镇，协同建设兰白都市圈，培育更强的人口集聚能力，从而更好地落实国家和甘肃省赋予兰州的战略任务，推进优化兰州城市空间发展格局。

（2）识别发展腹地空间，联动皋兰，实现两城优势互补，支撑强省会建设

兰州新区作为地处兰州市域内的国家级新区，多重战略投放，是疏解、提升、完善城市功能，支撑兰州做大做强的核心空间载体。然而随着国家及省市战略的不断投放，新区有限的盆地空间正在被不断填充、建设，生态及农业空间之间的矛盾开始浮出水面，这势必会影响兰州新区乃至兰州市的可持续发展。故亟须在市域层面进行统筹考虑，识别兰州新区发展腹地空间，优化发展格局，尽早破解城市用地发展瓶颈、预控因城市的快速建设而带来的弊端。

而与兰州新区紧邻的皋兰县，处于兰州主城区、兰州新区、白银市区三大城区的辐射影响区，区位条件特殊，不过其作为兰州市一个普通县，话语权并不高，尤其是在行政区划调整后，皋兰县剩余四镇更是势单力薄。但皋兰县的节点作用却毋庸置疑，能为兰州新区提供更大的空间资源。以皋兰县北部的黑石镇为例，其可适度承担兰州新区的产业分工，一方面缓解兰州新区的产业用地压力，另一方面也能为兰州新区产业做大做强增加可能性，未来将极有条件形成兰州新区—黑石镇—白银市的跨市产业发展带。皋兰县也可为兰州新区提供劳动力和少量技术力量。随着两城联系越来越紧密，将有更多皋兰县的劳动力和技术力量涌入兰州新区，而这一现象又将进一步推进两城的相向融合。因此，突破行政区划进行规划干预研究，最大化实现两城资源重组和格局优化是兰州新区和皋兰县，乃至整个兰州市都要考虑的命题，更是推进强省会建设的必要策略之一。

三、国土空间格局构建

兰州新区国土空间格局构建，宏观层面要注重统筹性，中观层面要注重协调性，到微观层面则侧重的是具体落位与实施。按照《市级国土空间总体规划编制指南》对兰州新区微观研究范围进行规划分区引导，其基本分区包括六类：生态保护区、自然保留区、永久基本农田集中区、城镇发展区、农业农村发展区及海洋发展区。兰州新区研究范围内不存在集中开展开发利用活动的海域以及允许适度开发利用活动的无居民海岛，因此，将其划分为城镇发展区、农业农村发展区、永久基本农田集中区、生态保护区、自然保留区，简称"五区"。其中城镇发展区和农业农村发展区属于开发利用性质，而永久基本农田集中区、生态保护区及自然保留区属于保护与保留性质。根据城镇空间、农业空间、生态空间三种类型的空间而划定的生态保护红线、永久基本农田保护红线、城镇开发边界三条控制线，简称"三线"。"五区"与"三线"存在一定的关系，"五区"中城镇发展区对应"三线"中城镇开发边界，永久基本农田集中区对应"三线"中永久基本农田保护红线，生态保护区包括"三线"中的生态保护红线。

1. "五区"

（1）城镇发展区

兰州新区作为国家级新区，在城镇发展区的划定中更要着重考虑城镇发展方向和布局形态要求。鉴于兰州新区是兰州市域"一心·两翼"空间发展格局的重要"北翼"，在助力兰州中心城区突破不均衡发展诉求方面起着重要作用，单从二者城镇空间发展方向来看，相向发展是必然趋势。因此，城镇发展区的划定中除了将现状秦王川盆地内的集中建设区整合外，本着"重点向南，适度向东"的原则，整合南部和东部发展区，还需将永登县树屏镇、皋兰县水阜镇、忠和镇等连接中心城区的通道划入城镇发展区内。同时，将部分未来发展不确定的区域划定为弹性发展区，一并纳入城镇发展区内，通过弹性发展区的划定，增加规划的适应性。

（2）农业农村发展区

农业农村发展区是为了推动农业全面升级，农村全面进步，农民全面发展，实现乡村全面振兴而划定的农业生产、生活发展区域。兰州新区农业农村发展区主要包括除基本农田以外的耕地、园地、林地、牧草地、村庄建设用地、设施农用地等。

（3）永久基本农田集中区

兰州新区现状基本农田主要集中在北部盆地，另外在东侧山谷内也分布着大量枝状零散基本农田。这些基本农田用地条件并不乐观，加之水资源有限，部分区域甚至存在灌溉缺失的现象，这必然会导致粮食产量低下。同时分散的基本农田布局形式也极不利于土地的集约利用。因此本研究按照先行先试的思路，本着"化零为整、增值增量、空间置换"的原则，除了调整城镇发展区内的基本农田外，还对兰州新区内北侧和西南侧大量的未利用地进行了合理探索。通过相关工程技术，对现状高程相对较小的山体进行适当处理，将其划定为高标准农田示范区。通过规整现状零散基本农田，既保证基本农田在数量上有所增加，又保证基本农田的提档升级。

（4）生态保护区

生态保护区包括生态保护红线集中区域，以及需要进行生态保护与生态修复的其他自然区域。微观层面的兰州新区生态保护区除了将以石门沟水源地、皋兰县自来水公司水库水源地为主的生态保护红线集中区域，以及其他生态本底条件相对较好的林地、河流、湖泊等纳入保护范围外，还从兰州新区整体生态安全格局角度考虑，将新区南北两侧规划生态林带，一并纳入生态保护区。

（5）自然保留区

兰州新区现状存在大量的不具备开发利用与建设条件的未利用地，其主要为盐碱地、裸土地、裸岩石砾地及其他草地等。本微观研究层面将条件相对较好的未利用地通过技术手段，划为高标准农田示范基地和生态林地。

2."三线"

（1）生态保护红线

生态保护红线是在生态空间范围内具有特殊重要生态功能、必须强制性严格保护的区域，是保障和维护国家生态安全的底线和生命线。远期石门沟水源地将是兰州新区的主要水源地，并可满足新区用水需求，山字墩水库不再作为新区的供水水源。因此本次战略规划研究中建议取消现状的山字墩水库的生态保护红线。最终兰州新区研究范围内的生态保护红线主要为石门沟水源地生态保护红线和皋兰县自来水公司水库水源地生态保护红线。加强对水源地的保护，确保兰州新区未来用水安全。

（2）永久基本农田保护红线

永久基本农田保护红线指为保障国家粮食安全，落实"藏粮于地、藏粮于技"战略，按照一定时期人口和经济社会发展对谷物的要求，依法确定不得占用的耕地。兰州新区的发展将牢固树立"粮食安全"意识，加强对以永久基本农田为代表的耕地的保护。规划研究从确保基本农田提质增量的思路出发，提出将现有基本农田化零为整，同时规划高标准农田，最终划定的永久基本农田保护红线与"五区"中的基本农田集中区相对应，主要集中在兰州新区的北部和西南部。

（3）城镇开发边界

城镇开发边界指在一定时期内因城镇发展需要，可以集中进行城镇开发建设，重点完善城镇功能的区域边界，包括城市、建制镇以及依法合规设立的各类开发区等。本微观研究层面城镇开发边界与"五区"中的城镇发展区一致。

第四章 兰州新区的发展路径研究

全面贯彻落实党的二十大精神及习近平生态文明思想，围绕全面建设社会主义现代化幸福美好新甘肃，明确兰州新区总体战略定位、发展目标和规划指标体系，制定国土空间开发保护战略。从全国、全省、全市和兰州新区自身等不同角度，分析兰州新区的发展路径，科学研判兰州新区城镇人口规模和建设用地规模。

第一节 发展愿景展望

一、基本方向

1. 主体功能定位

落实甘肃省与兰州市主体功能区划分。兰州新区是保障区域发展战略落实，推动甘肃省与兰州市高质量发展的主要动力源，是引领经济发展和城市化发展的核心区域。

兰州新区应着力提升综合服务能力，优先保障包括省市级体育中心、三甲医院、示范中小学在内的省会服务功能建设，增强人口吸引力，提高城市综合承载能力。支持兰州新区国际化功能建设，强化兰州新区北站国际集装箱办理站功能和国际航运物流功能，建设中川综合枢纽，保障兰州国际航空快递物流处理中心、国际航空货运西北集结分拨中心发展空间的需求。鼓励包括绿色化工、新材料和商贸物流、先进装备制造、清洁能源和城市矿产以及信息、生物医药、现代农业、文化旅游和现代服务业的发展。

2.上位要求

（1）国家层面

国务院《关于同意设立兰州新区的批复》提出，把建设兰州新区作为深入实施西部大开发战略的重要举措，突出经济结构战略性调整，突出特色产业、循环经济和节能环保，突出对内对外开放，突出改革创新，推动将兰州市建设成为西北地区重要的经济增长极、国家重要的产业基地、向西开放的重要战略平台和承接产业转移示范区，在带动甘肃及周边地区发展、深入推进西部大开发、促进我国向西开放中发挥更大作用。

中共中央、国务院印发的《关于新时代推进西部大开发形成新格局的指导意见》提出，合理增加荒山、沙地、戈壁等未利用地开发建设指标，对国家级新区产业发展所需建设用地，在计划指标安排上予以倾斜支持。

国务院印发的《黄河流域生态保护和高质量发展规划纲要》提出，区域中心城市等经济发展条件好的地区要集约发展，提高经济和人口承载能力；支持兰州新区、西咸新区等国家级新区和郑州航空港经济综合实验区做精做强主导产业；充分发挥甘肃兰白经济区、宁夏银川石嘴山、晋陕豫黄河金三角承接产业转移示范区作用，提高承接国内外产业转移能力。

国务院办公厅《关于支持国家级新区深化改革创新加快推动高质量发展的指导意见》提出，坚持稳中求进工作总基调，坚持新发展理念，坚持以供给侧结构性改革为主线，突出高起点规划、高标准建设、高水平开放、高质量发展，用改革的办法和市场化、法治化的手段，大力培育新动能、激发新活力、塑造新优势，努力建成高质量发展引领区、改革开放新高地、城市建设新标杆。打造若干竞争力强的创新平台，完善创新激励和成果保护机制，积极吸纳和集聚创新要素。加快推动实体经济高质量发展，做精做强主导产业，培育新产业新业态新模式，精准引进建设一批重大产业项目。优化新区管委会机构设置，健全法治化管理机制，科学确定管理权责，进一步理顺其与所在行政区域以及区域内各类园区、功能区的关系。允许相关省（区、市）按规定赋予新区相应的地市级经济社会管理权限，下放部分省级经济管理权限。研究推动有条件的新区按程序开展行政区划调整，促进功能区与行政区协调发展、融合发展。

《兰州—西宁城市群发展规划》提出，提升兰州区域中心城市功能，提高兰州新区建设发展水平，加快建设兰白科技创新改革试验区，稳步提高城际互联水平，推动石油化工、有色冶金等传统优势产业转型升级，做大做强高端装备制造、新材料、生物医药等主导产业，加快都市圈同城化、一体化进程。

（2）省级层面

《甘肃省国民经济和社会发展第十四个五年规划和二〇三五年远景目标纲要》提出，

充分发挥兰州新区西北地区重要的经济增长极、国家重要的产业基地、向西开放的重要战略平台和承接产业转移示范区的作用，支持兰州新区做精做强主导产业，探索与发达地区共建园区。加强兰州新区综合保税区建设。支持兰州新区职教园区打造技能培训示范区。在兰州新区建设辐射西北的粮油储运加工中心，发挥粮食进口口岸优势，争取建设粮食中转基地。依托兰州新区、金昌等化工园区，培育发展高端化工产品、精细化工新材料、化工中间体等产业集群。

《甘肃省黄河流域生态保护和高质量发展规划》提出，支持兰州新区创建生态修复及水土流失综合治理示范区，开展生态修复及水土流失综合治理，依法依规做好低丘缓坡地区土地科学治理利用相关工作。支持兰州新区做精做强主导产业。充分发挥兰州新区、兰白经济区承接产业转移示范作用，先行先试，加大政策创新支持力度，实行更加有效的人才政策，促进科技成果高效率转化，提高其承接国内外产业转移能力，培育经济增长新动能。加快推进兰西城市群建设，加快建设以兰州、兰州新区、白银为核心，辐射带动定西、临夏等周边地区的兰白都市圈，强化都市圈人口、经济集聚中心的作用和引领带动作用。高水平建设榆中生态创新城和兰州新区，大力提升其产业集聚水平，促进产城融合发展，加快其与主城区间快速轨道交通建设。支持建设新区和主城区"半小时交通圈"，积极打造兰西城市群第三极和高质量发展先行区。

《关于进一步支持兰州新区深化改革创新加快推动高质量发展的意见》提出，逐步拓展兰州新区发展空间，促进功能区与行政区协调发展、融合发展。全省年度新增建设用地指标向兰州新区倾斜，优先保障兰州新区生态产业、总部经济、东部优质转移产业等省级重大招商引资项目用地需求。支持人口向兰州新区集聚、省级各类人才培养项目向兰州新区倾斜。做精做强主导产业，进一步推动实体经济高质量发展。提高兰州新区建设发展水平，做大做强高端装备制造、新材料、生物医药等主导产业，提升城市产业发展水平，鼓励兰州市主城区企业向兰州新区转移。

《甘肃省国土空间规划（2021—2035年）》提出，规划巩固"一带·五区·多基地"农业发展格局，其中，"一带"即沿黄高效农业产业发展带，包括临夏回族自治州、兰州市、白银市和兰州新区，支持其率先打造高质高效现代化农业示范市（区）；构建"一带·一廊·一核·两个区域中心"城镇开发格局，其中，"一核"即建设以兰州和兰州新区为中心、以兰白一体化为重点，辐射带动定西、临夏的一小时通勤经济圈；支持构建"一核·七极"产业空间格局，其中，"一核"即兰州高质量产业发展核心，"七极"即兰州新区、兰州榆中生态创新城、大敦煌文化旅游圈、天水先进制造业基地、陇东综合能源化工基地、酒嘉双城经济圈、金武产业增长极。

（3）市级层面

《兰州市国民经济和社会发展第十四个五年规划和二〇三五年远景目标纲要》提出，

立足"经济新区、产业新区、制造新区"，加速聚要素、增量级、提质量、强功能，构建现代化经济体系，进一步激发兰州新区的发展活力，加快与规划核心区的同城化发展，打造西北地区产业发展集聚区、集成改革先行区、创新驱动引领区、生态治理示范区、对外开放新高地、城市建设新标杆，努力建设现代化国家级新区。

《兰州市国土空间总体规划（2021—2035年）》提出，兰州新区是甘肃省"一核·三带"区域发展格局的核心，全省关键的城市化地区和生态移民的主要承载地，黄河流域兰西城市群甘肃片区生态建设行动的主要实践地。

兰州新区是主城区非省会城市功能疏解的主要承载地，可承接主城区工业企业、科研院所、各类院校、商贸批发市场等非省会城市功能，应与主城区互补错位联动发展，共同推动人口、产业集聚和城市综合功能的完善。

（4）新区层面

《兰州新区国民经济和社会发展第十四个五年规划和二〇三五年远景目标纲要》提出，围绕落实国家赋予的"极、地、台、区"战略使命，努力打造西北地区产业发展集聚区、集成改革先行区、创新驱动引领区、生态治理示范区、对外开放新高地、城市建设新标杆，加快建设具有引领示范效应的社会主义现代化国家级新区。

综上，兰州新区主体功能定位为城市化发展区。

二、总体目标

1.总体战略定位

落实国家战略定位，突出对内对外开放，突出改革创新，突出生态产业，将兰州建设成为西北地区重要的经济增长极、国家重要的产业基地、向西开放的重要战略平台和承接产业转移示范区。

2.保护与发展目标

全面贯彻和落实生态文明建设和发展的新理念、新要求，拓展新时代兰州新区的国家战略定位内涵，以便于战略定位在空间上的功能落位。兰州新区的核心功能为四个城市（黄河上游高质量发展示范城市、西北地区生态宜居城市、兰西城市群的节点城市、兰西城市群对外开放的门户城市）、四个中心（国家大数据存储和灾备中心、国家多式联运中心、国家西北救援中心、西部区域性职教中心）和四个区（国家科技创新改革试验区、国家产城融合发展示范区、国家能源安全储备区、甘肃省生态产业发展先行区）。其保护与发展的具体目标是：

1）提升水土保持能力，建设黄河中上游生态修复及水土流失综合治理示范区。到2025年，重点区域水土流失治理得到加强，区域林草覆盖度明显提升；到2035年，水土流失重点治理区面积不小于200 km²。

2）生态系统稳定性不断增强，生态服务功能得到提升。到2025年，全域生态安全格局得到初步建立，生态保护红线得到严格落实；到2035年，森林、湿地、山体等的生态功能明显提升，资源节约集约利用水平显著提高，国土生态修复和综合整治全面推进，林地面积达300 km²以上，湿地保护面积不低于2.37 km²。

3）国土空间开发格局不断优化，整体竞争力显著增强。到2025年，全域组合型网络化格局初步形成，国土空间布局得到优化；到2035年，网络化格局进一步稳固，省会功能进一步完善，向西开放平台建设得到全面提升，全方位开放格局逐步建立，竞争力显著增强。

4）城乡区域协调发展取得实质进展。到2025年，城乡居民收入差距缩小，基本公共服务均等化水平稳步提高，城镇化质量显著提升，现代化、创新型经济体系框架基本建立；到2035年，城乡一体化发展体制机制更加完善，城乡要素平等交换和公共资源均衡配置基本实现，新型工农、城乡关系进一步完善，基本公共服务均等化总体实现，常住人口城镇化率达89%以上。

5）丝路经济带枢纽功能明显提升。到2025年，多式联运中心与物流集散枢纽基本建成，网络通达度显著提升，定期国际通航城市数量达30条以上；到2035年，国际空港及临空经济示范区基本建成，临空指向性产业大力发展，货邮年吞吐量增速达20%以上，陆港集装箱年吞吐量达1000万标准箱以上。

6）城市环境品质和宜居吸引力不断增强。到2025年，营造更多富有人文关怀的公共活动空间，人民群众的获得感得到切实提高；到2035年，民生保障能力得到大幅提升，城镇政策性住房覆盖率达到30%，15分钟社区公共服务设施覆盖率力争达到90%，公园绿地面积达到人均12 m²以上，公园绿地5分钟步行覆盖率力争达到85%以上，城区路网密度力争达到8 km/km²。

7）基础设施体系趋于完善，资源保障能力和国土安全水平不断提升。到2025年，建成内通外联的运输通道网络，城镇生活污水、垃圾处理设施实现全覆盖，水利基础设施更加完善，防灾减灾体系更加健全；到2035年，综合交通和信息通信基础设施体系更加完善，城乡供水和防洪能力显著增强，水、土地、能源和矿产资源供给得到有效保障，防灾减灾体系基本完善，抵御自然灾害能力明显提升，主城与新区"半小时生活圈"基本形成。

8）国土空间开发保护制度全面建立，生态文明建设基础更加坚实。到2025年，国土空间规划体系不断完善，最严格的自然资源管理制度得到落实，国土空间开发、资源节约的体制机制更加健全，资源环境承载能力监测预警水平得到提升；到2035年，国土空间开发保护制度更加完善，由国土空间规划、用途管制、差异化绩效考核构成的空间治理体系更加健全，国土空间治理能力实现现代化。

　　优化传统的经济、社会、生态环境、资源利用目标体系，有助于及时发现国土空间治理问题，有效传导国土空间规划重要战略目标，更好地开展国土空间规划编制和动态维护。从做好规划实施工作的角度出发，结合《市县国土空间开发保护现状评估技术指南（试行）》的相关要求，按照创新、共享、安全、协调、开放、绿色六个维度，构建目标清晰、全域覆盖、体系完备的兰州新区目标指标体系（表4-1）。

表4-1　兰州新区目标指标体系表

战略定位	指标分类	指标分解	编号	指标体系	指标类型
西北地区重要的经济增长极	创新	创新投入产出	1	研究与开发支出占生产总值比重/%	预期性
			2	万人发明专利拥有量/件	预期性
			3	科技进步贡献率/%	预期性
		创新环境	4	在校大学生数量/万人	预期性
			5	受过高等教育的人员占比/%	预期性
			6	高新技术企业数量/个	预期性
	共享	宜居	7	人均公园绿地面积/m²	约束性
			8	空气质量优良天数/d	预期性
			9	年新增政策性住房占比/%	预期性
			10	每万人拥有书吧等休闲场所数量/个	预期性
		宜业	11	城镇年新增就业人数/万人	预期性
			12	45分钟通勤时间内居民人数占比/%	预期性
		宜养	13	平均每个社区拥有老人日间照料中心数量/个	约束性
			14	万人拥有幼儿园数量/个	约束性
国家重要的产业基地	安全	底线管控	15	城镇开发边界范围内建设用地面积/km²	约束性
			16	三线范围外建设用地面积/km²	约束性
		粮食安全	17	永久基本农田保护面积/km²	约束性
		水安全	18	地下水供水量占总供水量比例/%	约束性
			19	再生水利用率/%	约束性
			20	地下水水质优良比例/%	约束性
		能源安全	21	石油储备量/万方	约束性
	协调	城乡融合	22	常住人口城镇化率/%	预期性

续表4-1

战略定位	指标分类	指标分解	编号	指标体系	指标类型
			23	常住人口数量/万人	预期性
			24	实际服务人口数量/万人	预期性
			25	至等级医院30分钟通勤时间内村庄覆盖率/%	约束性
			26	农村自来水普及率/%	约束性
			27	城乡居民人均可支配收入比	预期性
		地上地下统筹	28	人均地下空间面积/m²	约束性
向西开放的重要战略平台	开放	网络联通	29	定期国际通航城市数量/个	预期性
			30	机场国内通航城市数量/个	预期性
		对外交往	31	国内旅游人数/(万人次/年)	预期性
			32	入境旅游人数/(万人次/年)	预期性
			33	外籍常住人口数量/万人	预期性
			34	机场年旅客吞吐量/万人次	预期性
			35	铁路年旅客运输量/万人次	预期性
			36	城市对外日均人流联系量/万人次	预期性
			37	国际会议、展览、体育赛事数量/次	预期性
		对外贸易	38	港口年集装箱吞吐量/万标箱	预期性
			39	机场年货邮吞吐量/万t	预期性
			40	对外贸易进出口总额/亿元	预期性
承接产业转移示范区	绿色	生态保护	41	森林覆盖率/%	约束性
			42	新增国土空间生态修复面积/km²	约束性
			43	湿地保护面积/km²	约束性
		绿色生产	44	万元地区生产总值用水量下降/%	预期性
			45	单位地区生产总值能耗降低/%	预期性
			46	非化石能源占一次能源消费比重/%	预期性
			47	单位地区生产总值CO₂排放降低/%	预期性
			48	工业用地地均增加值/(亿元/km²)	约束性
			49	战略性新兴产业增加值比重/%	预期性
		绿色生活	50	原生垃圾填埋率/%	约束性
			51	绿色交通出行比例/%	约束性
			52	人均年用水量/m³	约束性

三、开发保护策略

1.生态优先，实现"一治三理"

统筹推进山水林田湖草沙综合治理、系统治理、源头治理，加强生态环境保护，保障黄河长治久安是兰州新区的核心任务，统筹完善高占比未利用地与水土流失治理的关系是兰州新区的当务之急。

1）水阜河治理实践。通过明渠进水、调蓄、河道整治、护坡修复等工程，治理水阜河（蔡家河一级支流，黄河三级支流），稳定河宽，疏通洪道，形成增强区域安全韧性的生态廊道。

2）现代农业公园治理实践。现代农业公园治理实践是与现代农业结合的水土流失治理模式。以200～600 hm² 未利用地为基本单元，将高差100 m以下的改造为2°～6°的平台地（梯田），普及保水节水技术，推进现代化旱作农业建设。将重点开发区域内零散分布的农用地、旱地与未利用地同步进行提质扩面，促进区域内耕地集中连片，带动周边农民生产就业。同时加强边坡综合整治，将坡面整理成水平阶，种植苗木。

总结水阜河治理与现代农业公园治理实践经验，在新时代西部大开发形成新格局背景及黄河战略、南水北调西线工程新机遇下，兰州新区提出：优先系统化建设生态空间，完善小流域系统与黄河的连通性，锚固生态基底、保护黄河；推动农业空间从破碎化零散分布到集中连片，统筹耕地提质增量，保障粮食安全，发展现代寒旱农业，综合治理水土流失；构建组团式、网络化的城镇空间，以国土综合整治的思路优化自然资源的统筹配置。

3）完善生态廊道，加强生态建设。一是，从流域治理的角度出发，梳理并加强生态脆弱区重要沟道系统的建立，完善其与黄河的连通性，考虑其季节性特点，形成有时空关系的生态廊道，构建串连山水、贯穿城区、功能复合的生态廊道网络，维护"从山到河"生态网络的完整性；重点实施黄河生态功能带，水阜河、蔡家河和碱沟等小流域水土流失治理工程，严管严控重要饮用水水源地保护区与湿地系统。二是，从提升生态服务能力的角度出发，优化"山、河、城"的关系，维护市级生态走廊（碱沟、蔡家河）、生态屏障与基底建设；统筹林、田、草、湿地等资源分布，北部保留现状天然牧草地，并结合海拔与渠系建设防风固沙生态屏障，东部、西部结合地貌类型，因地制宜，宜林则林、宜草则草，加强生态建设与修复，构建并形成生态网络，确保生态空间只增不减。

4）优化耕地布局，化零为整，实现耕地提质增量。推进高标准农田建设，将细碎枝状农田和未利用地进行集中整治，促进区域内耕地集中连片；加强农业基础设施建设，提升灌溉、排水和降渍能力；全面提高农用地基本生产功能，提升其水土保持能力，稳定主要农产品的生产空间。未利用地开发为耕地的，经兰州新区与兰州市自然资源局、农业农村部门共同认定、审查，省自然资源厅复核确认后，纳入耕地占补平衡项目库，实现"渐进式""滚动式"的稳定耕地建设。

5）精用适用，优化城镇空间格局。在做足生态本底建设、保障农业空间安全的基础上，从优化国土空间格局的角度，建设组团化网络化的城镇空间，将未利用地适度、适量转化为建设用地，建设用地管理纳入年度新增计划。

2.提升枢纽地位，加强产业基地建设

1）提升兰州新区枢纽地位，加强枢纽与产业结合。将兰州新区建设成为具备"始发终到"功能的综合客运枢纽，以兰州新区为核心，建设连通西宁、榆中方向的通道；加强兰州新区铁路货运能力建设，将兰州新区建设成为串联兰新、包兰、宝中线的横向铁路通道和货运编组中心；适度控制兰州中心城区枢纽规模，推进出入口过度集聚的货运功能向兰州新区疏解；利用枢纽节点优势，争取中欧班列集散中心、铁路口岸和自贸区政策，吸引外向型产业集聚，建成面向"一带一路"沿线国家和地区的物流集散枢纽和多式联运中心；吸引大型航空公司和物流公司布局，大力发展临空指向性产业；深入推进中川机场国际化进程，积极开辟兰州至中亚、西亚地区主要城市的新航线，推动促成中川机场第五航权开放。

2）推动国家战略产业备份基地、应急产业基地建设。梯度承接全国产业转移，争取各省市以绿色化工、新材料、装备制造业为主导方向，以"飞地"形式在兰州新区进行重点产业备份，增强国家重点产业抗风险冲击能力；依托中国西北公共卫生突发事件战略物资储备、国家区域（西北）救援中心项目建设，围绕应急服务领域，健全应急产业协调发展机制，打造立足甘肃、服务西北的集科技研发、医药生产、物资储备、仓储物流、应急救援、培训演练于一体的国家应急产业基地，整体提升西北地区应急防控能力。

3）创新驱动，推动研发孵化产业集群。承接国家科学中心、技术转移中心等重大科技基础设施建设，推动兰州研发能力提升及成果孵化，鼓励企业联合高校、科研院所、先进企业总部等，打造产业技术创新联盟，建设成果转化中试产业园；对接国家"东数西算"产业联盟，完善兰州新区大数据产业园建设，探索面向"一带一路"沿线国家和地区的离岸数据中心试点示范，提升离岸数据存储处理和灾备服务能力，打造丝绸之路信息港。

3.共担省会职能，推动城乡融合发展

新时代，兰州新区将以建设对外开放的重要战略平台为主旨，强化会议会展、体育赛事承接等对外交往的国家功能，加强教育医疗、商贸流通、生产性服务等省会职能，通过完善功能体系，推动全市域组团式网络化格局建立，化解"单中心"带来的人口分布不合理、"扁平化空间拓展"的后遗症。

提升城镇发展区与乡村发展区基本公共服务均等化水平，建立城乡一体的基础设施建设逻辑与机制；达成全域均等的基础设施网络全覆盖，针对人口特征和服务需求、服务半径，分类建设城乡生活圈。

加强全域统筹，用好引大入秦工程，以现代农业公园治理实践为基础，探索"一减三增"模式下的高标准农田建设；建设新型农村社区，为区域生态移民提供保障，探索形成城乡融合前提下适合本地区的自然资源流转、分配机制。

四、发展愿景展望

2025年，将兰州新区建设成为西北地区产业发展集聚区、集成改革先行区、创新驱动引领区、生态治理示范区、对外开放新高地、城市建设新标杆。

2035年，将兰州新区建设成为黄河上游生态治理示范区、兰西城市群高品质引领区、向西开放的核心枢纽、国家战略产业备份基地。

2050年，将兰州新区建设成为西北地区重要的经济增长极、国家重要的产业基地、向西开放的重要战略平台和承接产业转移示范区。

第二节 发展路径研究

一、从国家层面提升战略定位

1.提高战略功能定位

1）维护国家战略安全。依托兰州新区国家石油储备基地，建设国家重要的能源安全储备基地；充分发挥兰州新区的气候环境条件及网络带宽、国际互联、电力资源和政策叠加优势，大力引进数据存储、云计算、云服务等项目入驻，建设大数据存储和灾备中心；加快应急管理部国家区域（西北）救援中心建设，加强区域应急准备和应急救援能力，加强应急预案管理和信息化建设，完善救援协同保障和指挥协调机制，不断提升区域应急管理水平。

2）构建多向开放格局。深度融入"一带一路"建设，推动兰州新区综合保税区—航空口岸—铁路口岸"区港联动"一体化发展；加快建设临空经济示范区，大力发展通道经济、物流经济、口岸经济；发挥兰州新区陆港型国家物流枢纽作用，提升国际货运班列高质量运营能力，加快"空铁海公"多式联运示范工程建设，开辟"空中丝绸之路"，加快形成全省面向中西亚、南亚和服务"一带一路"沿线国家和地区的交通和物流集散枢纽。

2.创新新区治理模式

1）先行先试，探索可复制可推广的经验。按照《甘肃省兰州新区建设绿色金融改革创新试验区总体方案》要求，创新金融组织、融资模式、服务方式和管理制度，将兰州新区打造成引领全省金融改革创新的排头兵，探索一批可复制、可借鉴、可推广的金融改革经验；抓住高标准农田建设的机遇，加强未利用地整治和生态综合修复，推进土地节约集约利用，提高土地利用效率，提升国土空间治理水平。

2）理顺管理权限，推进行政区划调整。按照国务院办公厅印发的《关于支持国家级新区深化改革创新加快推动高质量发展的指导意见》，优化兰州新区管委会机构设置，进一步理顺兰州新区与永登县、皋兰县以及区域内各类园区、功能区的关系；争取省政府按规定赋予新区相应的地市级经济社会管理权限，下放部分省级经济管理权限；推进行政区划调整，促进功能区与行政区协调发展、融合发展。

3.打造实体经济高地

1）实施创新驱动，培育新兴产业，发展专特精新产业。依托兰白科技创新改革试验区国家级创新平台，加大与兰州大学、中国科学院兰州分院等科研院所合作，促进其技术在兰州新区开花结果，打造西北科技创新新高地。启动综合性国家科学中心、国家技术转移中心西北区域中心、信息产业研究院等国家高新技术产业化基地建设，加强产学研结合，促进科技研发。依托兰州新区大数据产业园，加速推进大数据产业集聚，加快兰州新区国际互联网数据专用通道优化升级，加强丝绸之路信息港建设，紧盯新一代人工智能、云计算、区块链等前沿技术，打造西北大数据中心。

2）培育壮大绿色化工、有色金属新材料等优势主导产业，建设特色鲜明、实力强劲的产业集群。加快培育建设一批重大产业园，重点打造绿色化工、合金新材料、商贸物流3个千亿产业园，先进装备制造、新能源、城市矿产3个五百亿产业园和生物医药、节能环保、现代农业3个百亿产业园。支持和鼓励兰州新区与周边市州共同搭建招商平台，开展联合招商，提高引资的规模和水平。建立承接中东部地区产业转移长效机制，通过共建园区探索创新地区间投入共担、利益共享、经济统计分成等跨区域合作机制。继续推动兰州市主城区工业企业出城入园。统筹现有产业扶持政策和专项资金，支持兰州新区承接制造业产业转移相关项目。

3）有序承接主城区产业服务功能，培育特色产业集群，推进产城融合、产教融合发展。继续实施产业出城入园，培育发展精细化工产业、数据信息产业、先进装备制造业、新材料产业、生物医药产业、新能源汽车产业、商贸物流产业、文化旅游产业、现代农业产业等特色优势产业集群。继续统筹全市职业教育布局，推动产教融合发展，做大做强做优兰州新区科教城，优化职业教育专业设置，大力发展现代农业、先进制造、高端装备、信息技术、生物医药、节能环保、新能源、新材料，以及现代交通运输、高效物流、电子商务、金融等产业急需的紧缺学科专业。积极支持家政、健康、养老、文化、旅游、学前教育等领域的社会工作专业发展，推进职业教育集团化发展，加大对知名院校的引进力度，申报国家产教融合示范城市，创建全国职业教育改革创新试验区。

从国家层面看，兰州新区应以服务区域、打造兰西城市群节点城市和对外开放的门户城市为目标，从战略安全、对外开放、创新治理、发展实体经济等方面助推兰西城市群建设；加强与西宁、白银等周边城市合作，共同申报跨区域的交通基础设施、黄河流域生态保护和高质量发展等领域的重大项目；在职业教育、培训、专业技术人才培养、产教融合等方面加强与周边市州合作，争取获批国家产教融合试点城市。

二、从省级层面强化发展地位

1.提升地位：做好西北地区第一个国家级新区

1）发挥好兰州新区经济战略平台的作用，落实国家战略定位。兰州新区作为西北地区第一个国家级新区，具有重要的战略意义：一是有利于深化区域经济合作和扩大向西开放；二是有利于老工业城市转型发展和承接东中部地区产业转移，对探索欠发达地区加快推进新型城镇化的路径有重要价值；三是有利于增强兰州市作为西北地区重要中心城市的辐射带动作用；四是有利于完善兰州市城市功能和规划布局。兰州新区在当前的发展基础上，需进一步认识和落实国家的战略定位：

①西北地区重要增长极。结合"一心·两翼"战略，进一步调整城市空间结构，联动发展，跳出河谷重建"名城"。

②国家重要的产业基地。进一步发挥龙头产业与项目的带动作用，集聚发展关联配套产业，建成国家重要的装备制造、石油化工和生物医药产业发展基地。

③向西开放的重要战略平台。提升兰州市作为西北内陆地区综合交通运输枢纽与现代物流中心的作用，进一步完善开放平台体系。

④承接产业转移示范区。因地制宜合理确定承接重点，着力引进具有市场前景的产业和技术装备先进的企业，着力推进产业升级和科技创新，优先发展先进制造、资源深加工和高新技术产业。

2）加强重视程度，举全省之力发展兰州新区。2019年11月，在兰州新区规划建设协调推进领导小组会议上，时任甘肃省委副书记唐仁健强调，坚定不移举全省之力支持兰州新区发展。兰州新区是国家级新区，是国家战略支点，要营造优良营商环境，充分发挥优越枢纽地位、优惠要素保障优势，拓展发展思路，先行先试。

2.强化交通：打造西部陆海联运战略枢纽

1）形成兰州市主要的开放平台。2013年12月，兰州航空口岸经国家有关部门验收，扩大对外籍飞机开放权限，成为国际口岸；2014年7月，国务院批复成立兰州新区综合保税区；2015年12月，新区综合保税区封关运营；2016年12月，兰州铁路口岸经国家批复对外开放，成为西部第五个铁路开放口岸，具体包括兰州新区北站、兰州国际港务区东川铁路物流中心两个作业区。2019年第一季度，兰州新区综合保税区完成进出口贸易额6.67亿元，同比上一年增长了97.3%，占新区进出口贸易额的75.5%以上，在全国73个综合保税区中排33位。随着"一带一路"倡议的推进，兰州初步建立了"南客北货"的通道格局。经过近5年的快速建设，兰州新区形成了包括航空口岸、铁路口岸、综合保税区在内的较为完备的对外开放政策平台体系，成为拥有空港、陆港"双口岸"的开放城市，大大提升了兰州的城市地位。

2）强化开放大通道建设。积极发展多式联运，加快航空、铁路、公路、港口、园区连接线建设。统筹推进国际陆港建设运营与地区合作，优化中欧班列组织运营模式，加强中欧班列枢纽节点建设，进一步完善口岸、跨境运输和信息通道等开放基础设施，加快建设开放物流网络和跨境邮递体系。用好综合保税区、跨境电子商务综合实验区、国家绿色金融改革创新试验区等平台，加快发展口岸经济，建设"铁公机、江海息"立体化的贸易通道。

3）发展高水平开放型经济。推动对外开放由商品和要素流动型逐步向规则制度型转变。加强农业开放合作，引导农业投资合作向具备条件的"一带一路"沿线国家和地区集聚。建立东中西部开放平台对接机制，共建项目孵化、人才培养、市场拓展等服务平台，打造产业转移示范区。

4）拓展区际互动合作。依托陆桥综合运输通道，加强与东中部省份互惠合作，加强协同开放，支持跨区域共建产业园区。探索建设适应高水平开放的行政管理体制，整合规范现有各级各类基地、园区，加快新区转型升级。组织开展各类国家级博览会，提升地区影响力。

3.做优空间：打造兰州城市空间拓展核心区

在"一带一路"倡议、高质量发展等时代背景下，兰州需跳出"河谷城市"的发展思维桎梏，向中心城区外疏解压力，向品质名城转变，突出黄河文化名城的特色，加强公共服务供给，减少外挂，提升盆地发展的效率和品质，重构兰州发展的软实力。

突破空间掣肘的另一途径就是建立区域协作思维，挖掘优势区域，延展发展空间，打造城市空间拓展核心区。为使兰州能更好地承担省会城市责任，兰州新区需主动发力，统筹区位和政策平台优势，优化完善腹地空间，进行角色升级，突出开放绿色的产业动能，提升公共服务水平，从"新区"到"区域新城"，成为链接全球、对接全国、参与城市群、辐射省域的区域组织节点。

另外，在明确空间生产侧重点的基础上，现阶段兰州新区需加强与中心城区的相互作用，凝聚合力。兰州新区优化空间的侧重点在于，推进基础设施建设，尤其是通道建设，提升其南向（中心城区以北）的未利用地的综合治理水平；尊重发展现状，挖掘空间发展潜力，进行系统化生态修复与建设，形成组团化发展格局。

4.做精产业：打造全省生态产业发展示范区

积极融入并主动服务国家"一带一路"建设大局，抢占文化、通道、技术、信息制高点，加快建立健全绿色、低碳、循环、发展的经济体系，让传统产业"脱胎换骨"，焕发新的生机和活力，新兴产业"强筋壮骨"，成为推动经济高质量发展的主导力量。

梳理兰州新区资源要素，探索协同推进生态优先、绿色发展的新路径，推动产业集群化发展，在培育新动能和传统动能改造升级上迈出更大步伐。促进信息技术与传统产业深度融合，构建富有竞争力的绿色发展现代化产业体系。以兰白都市圈为重点，以兰西城市群为腹地，打造全省生态产业发展示范区，引领全省绿色发展。

加大科技创新支撑，培育壮大节能环保、先进制造、中医中药、数据信息、通道物流等重点产业，加快石油化工、有色冶金等传统产业清洁化改造，促进现代制造业和生物医药、新能源汽车等战略性新兴产业发展，加快发展现代服务业（专业服务业），加强建设现代物流服务体系，实现节水、循环经济、污水综合治理等绿色生活生产方式的转变。

从省级层面看，兰州新区应积极融入兰白都市圈发展，进一步提升自身发展定位，建设陆海联运战略枢纽，承担省会城市功能，打造生态产业示范区，推动兰白都市圈一体化发展。

三、从市级层面优化发展方式

1.做大，是兰州新时代发展的必然要求

（1）痛失第二个发展的黄金十年

自1949年以来，兰州的发展大致经历了五个阶段。

1）新中国成立后迅速崛起，形成三大组团。新中国的成立极大地解放和发展了生产力，兰州城市建设因此而高速发展。"一五"期间，国家确定兰州为重点建设城市，全国156项重点工程中的6项就安排在兰州地区建设。当时投资了5亿元人民币，投建

工程主要是以石油化工及其配套工程为主。在此背景下，兰州市编制了第一版城市总体规划。规划在老城区西侧的西固区和七里河区布局"156项工程"，打破了兰州市历史上以城关区为核心的单中心城市格局，形成城关市中心区、七里河机械制造工业区、西固石油化工工业区三个城市发展组团，拉开了兰州市河谷内发展的大骨架。

2）三线建设时期，平缓发展阶段。20世纪60年代末和70年代，以备战为中心、以国防工业和重工业为重点的"三线建设"使得国家经济工作重心转入中西部地区，东部沿海企业大量内迁。东部企业的迁入对兰州工业实力和科研能力的提升有很大的助益，工业项目在兰州市的西固区、七里河区、安宁区、城关区遍地开花。这一时期的发展虽拓展了城市规模，但同时大量的工业项目也不可避免地造成了较严重的大气污染。

3）改革开放后，进入稳定发展期，多组团结构形成。改革开放后，我国的社会经济大步发展，兰州市社会经济和城市建设进入加速发展期，城市人口和用地规模也进入快速发展时期，城市的生长主要是河谷内各组团之间的横向填充。在城关、七里河、西固三大城市发展组团的基础上，安宁、盐场、东岗等组团逐步形成。

指导这一时期城市建设的是第二版城市总体规划，但实际上在第二版规划实施运作不久，城市的人口及用地规模便被全面突破。

4）新世纪城市发展加速，"双心"结构提出。20世纪90年代以来，在快速城市化和房地产开发的冲击下，城市人口持续增长，城市建设也不断加速。尤其是到21世纪初，城市空间的拓展也明显提速，谷地内的土地资源开始吃紧，城市用地开始外溢。21世纪初，兰州市编制了第三版城市总体规划。规划提出市区"带状组团分布，分区平衡发展"的原则，引导城市的空间格局从单中心向双中心转变，同时还提出将安宁区的迎门滩、七里河区的马滩和崔家大滩建成兰州的第二市级中心，即建设"三滩新城"。但以上规划设想均由于行政区西迁的搁浅而悄然中止，兰州市单中心的结构依旧没有改变。

5）城市跳出河谷，"双城"格局形成。21世纪初，经过近10年的发展，城关区的用地规模和人口规模持续膨胀，安宁区的可供建设用地也接近饱和，谷地内的土地资源已不能满足城市发展的需要。兰州市第四版城市总体规划中提出了"一河·两岸·三心·七组团，双城·五带·多点"的城市空间格局。随着国家级新区的落建，兰州市"双城"的大空间格局初步形成。

纵观兰州的发展历程，其经历了两个重要的发展时期。第一阶段是"一五"期间，兰州市迅速崛起，确立了其未来发展的格局；第二是兰州新区的建设，兰州走出了"两山夹一河"的限制，实现了第二次的跨越式发展。

从"三线建设"时期到兰州新区的设立，兰州经历了将近50年的缓慢发展期，同时也失去了两个重要的发展机遇。一是"三线建设"到改革开放期间，城市发展的动因主要依托国家工业的建设，缺少自身发展的动力，城市发展平缓；二是国家重大战略西部大开发的提出到兰州新区的设立期间，兰州的人口和城市建设进入了一个高速发展阶段，黄河谷地内城市发展空间趋于饱和，但是兰州的城市建设仍局限在黄河河谷内，致使其痛失了第二个发展的黄金十年。

所以，兰州新区的设立，是应对城市发展空间不足以维持持续发展的必然选择。

（2）现状人口规模不够大

1）新一轮政策机遇带来发展契机。2019年9月18日，习近平总书记在郑州主持召开黄河流域生态保护和高质量发展座谈会并发表重要讲话。此次座谈会上，习近平总书记提出了一个重大国家战略——黄河流域生态保护和高质量发展。习近平总书记在谈到黄河流域高质量发展时指出，沿黄河各地区要从实际出发，宜水则水、宜山则山，宜粮则粮、宜农则农，宜工则工、宜商则商，积极探索富有地域特色的高质量发展新路子。区域中心城市等经济发展条件好的地区要集约发展，提高其人口承载能力。

2）较低的人口比重。从全国省会城市占全省的人口比重分布来看，甘肃省仅占14.2%，低于全国（17.91%）和西北五省区（25.25%）的平均水平。目前，兰州市还处于"弱省会城市"阶段，距离超强城市还有一定的距离，未来具有较大的发展潜力。

3）大规模的城镇发展容量。从全市发展容量来看，根据《兰州市资源环境承载力及开发适宜性评价》结果，兰州市城镇建设适宜区所占比例高达74%，水资源承载力可容纳的城镇人口规模能达到630万人，可承载的城镇用地规模约为916 km²。目前，兰州市的土地资源和水资源均可支撑兰州进一步做大做强。

总体而言，新一轮的政策支持兰州市进一步提升其人口承载能力。目前来看，省会城市的人口集聚能力还远远不够，资源支撑潜力较大。

（3）构建兰州都市区是做大兰州的必然途径

《兰州—西宁城市群发展规划》提出，以点带线、由线到面拓展区域发展新空间，加快兰州—白银、西宁—海东都市圈建设，重点打造兰西城镇发展带，带动周边节点城镇。规划还提出要提升兰州区域中心城市功能，提高兰州新区建设发展水平，加快建设兰白科技创新改革试验区。

兰州都市区应结合兰州市的城镇空间分布特征，着重强调兰州市域内各城镇的空间位置关系。从市级发展战略角度，形成的"一心·两翼"的空间格局，是兰白都市圈的核心组成部分。其中，"东翼"为榆中县，"北翼"为兰州新区与皋兰县整合形成的地域空间。"一心"与"两翼"双向互嵌融合发展，推动兰州都市区成为兰西城市群发展的有力载体。

（4）兰州新区是做大兰州的核心承载空间

1）三大盆地是现状城市建设的核心空间。从2017年市域建设用地分布来看，兰州盆地内的建设用地约为180 km²，秦王川盆地的建设用地约为83 km²，榆中盆地内的建设用地约为60 km²。忽略小比例的非城市建设用地，三大盆地内城镇建设用地合计为323 km²，约占2017年兰州市城镇建设用地352.94 km²的92%。

2）兰州新区是"一心·两翼"重大战略的承载地。2018年，兰州市城镇体系总体上呈现"中心极化、层级缺失"的特征，即第一级别的中心城区规模较大，第四级别的建制镇（乡）数量众多，在等级结构中缺少中等城市（人口规模50万～100万人）和小城市（人口规模20万～50万人）。兰州市提出了"一心·两翼"是重大市级战略，兰州新区规划为其"北翼"。所以，从市域城镇格局的发展角度考虑，需要将兰州新区发展为人口规模至少在50万人以上的城市，补充市域城镇格局结构性的不足。

3）兰州新区是兰州未来发展的核心空间。根据《兰州市资源环境承载能力和国土空间开发适宜性评价》，基于土地资源承载力的角度，兰州市市域范围内的城镇承载空间主要分布在榆中盆地、秦王川盆地及其周边区域（表4-2）。

表4-2 兰州市域战略性识别城镇发展空间统计表

识别地域	重要的盆地					重要的河谷			潜力空间
	兰州盆地	秦王川盆地	榆中盆地	什川盆地	青城盆地	庄浪河河谷	大通河河谷	湟水河谷	未利用地
适宜性空间/km²	210	280	190	8	4	75	25	45	120
占比/%	21.9	29.3	19.9	0.8	0.4	7.8	2.6	4.7	12.5

在此基础上，综合考虑坡度、高程等地形地貌要素，严守水资源上限、生态红线、永久基本农田保护红线、历史文化保护等保护性空间底线，进一步筛选集中连片适宜城镇开发的空间，识别出秦王川盆地适宜城镇建设用地的占比最大，约为29.3%。

2.做强，是兰州新时代转型的必由之路

（1）开放兰州

1）强化兰州新区枢纽建设。抢抓兰州新区铁路口岸和"空铁海公"多式联运示范工程获批的机遇，优化新区铁路枢纽布局，提升枢纽能级。结合机场三期扩建工程，建设西北地区重要的国际枢纽机场和航旅融合特色机场，完善加密面向"一带一路"沿线国家和地区的航路，增加季节性特色旅游航线。发展进西藏、进新疆枢纽机场，统筹兰州新区综合保税区、中川北站铁路口岸，加快建设国际通信专用通道。围绕新区机场和铁路口岸等交通枢纽，大力发展枢纽经济，提升新区资源与产业要素的配置能力，构建"铁公机"综合枢纽，打造枢纽制高点。

2）提升兰州新区职能。利用兰州新区的后发优势与空间优势，完善省级、市级、区级公共服务设施体系，提供覆盖行政管理、商业、文化演出、体育赛事、养老福利、教育培训、医疗卫生、会议展览、休闲娱乐等全方位的服务。重点从两个方面提升兰州新区的职能：一是提升职能分工的层级，争取建设中国（兰州）自由贸易园区，积极发展更多类型国际产能合作示范区，培育国际会议会展、商务、旅游、文化、体育休闲等服务中心，加强国际研发、国家科技合作、总部基地建设、高附加值出口产品加工等，配套高端酒店、时尚街区、国际医疗、国际教育、国际社区和国际化公寓等；二是提升职能分工的文化内涵，借助甘肃省丰富的文化资源和影响力，积极承办高峰论坛及国家级文体娱乐活动，提升兰州的知名度。

（2）创新兰州

积极响应兰州市科学和科技并重、系统性升级、全面激活创新型经济的创新发展策略，重点打造兰州新区创新中心和职教中心。

突出兰州新区持续创新发展的引领作用，以建设特色鲜明、功能齐全、产业集聚、服务配套、环境优良的现代化新区为目标，重点打造兰州新区创新中心，建设科技研发集聚区，着力发展精细化工、数据信息、现代农业、先进装备制造、新材料、新能源汽车、生物医药、商贸物流、文化旅游等特色优势产业。加快完善基础设施和配套服务体系，大力推进创新创业平台建设，进一步提升要素、资源吸纳承载能力。

利用科教园区加快推进示范职业院校、特色专业和实训基地建设，不断优化职业教育结构与布局。运用大数据、云计算、物联网等新一代信息技术，构建大数据产业体系，打造西部最大的大数据中心，建设国际研学基地和科技合作中心。

（3）魅力兰州

以西北特色空间为抓手，把特色要素转化为高价值空间和高活力空间，构建市域"三廊·七区"的魅力空间格局。"三廊"为黄河山河魅力廊道、丝路寻根魅力廊道和回藏魅力廊道；"七区"由最本土、最丝路、最国际、最民俗、最生态、最品质、最活力的核心空间组成。

兰州新区需依托空港、铁路区位优势，提炼秦王川特色历史文化，大力发展文化旅游产业，继续美化宜居、宜业环境，以大美山麓平川为载体，构建具有国际影响力的省域综合中心、魅力城镇。

3.做精，是兰州新时代建设的必然选择

（1）兰州主城区层面

对于兰州市主城区，"做精"应重点从提升城市品质和完善城市服务职能两个方面着手。

1）树立生态文明理念，着力提升城市品质。依托兰州市的特色山水格局优势，协调"山—水—城"三者的关系。一是，要全力做好黄河文章，实施黄河水生态环境综合治理及黄河风情线改造提升工程，致力让黄河之滨更美更靓，让黄河成为兰州的一张亮丽名片。二是，要加强城市周边山体的绿化美化，使其成为城市重要的生态单元，防止"山—城"关系割裂，依托山体打造城市特色，提升城市品质。三是，"打铁必须自身硬"，城市品质的提升主要还要在城市建筑、城市空间、城市景观等方面花工夫，重点实施城市风貌景观改造、城市公园绿化、城市公共空间、城市夜景亮化、特色文化街区、城市路网建设、道路景观改造、架空线缆入地、老旧楼院治理等项目，提升城市人居环境品质，彰显兰州山水之美、风情之美、环境之美、人文之美的品质。

2）完善城市服务职能，提升城市服务水平。一是，要强化省会职能，发挥"首善之地"的辐射作用。兰州市作为甘肃省的省会，不仅要履行好为本市居民服务的职能，更承担着省会的职能和部分区域职能、国家职能，因此，要加强城市服务职能的建设，尤其是强化省会服务职能的建设，提高城市的服务水平。二是，要补齐功能欠缺，完善城市非基本职能。城市非基本职能指城市为本市范围服务的活动，如服务性工业、商业、饮食业、服务业、基础教育等。兰州市的非基本职能欠缺较多，尤其是在基础教育、养老、体育及文化娱乐设施、市政公共设施等方面供需矛盾非常突出。兰州市"做精"发展必然要补齐非基本职能的欠缺，提升城市的生活品质。三是，应把精细化管理思想引入城市管理中，提升城市的管理能力和管理水平。细化城市管理空间，量化城市管理对象，规范城市管理行为，创新城市管理流程，实现城市管理活动的全方位覆盖、全时段监管、高效能管理，提升城市的管理水平。

（2）兰州新区层面

兰州新区从开始建设至今已经历了十余年的城市快速建设历程，城市基础建设趋于完善，已然进入"做精"发展的新阶段。与兰州主城区发展相同，兰州新区的"做精"发展也主要从城市品质打造和城市职能建设两个方面着力。

1）打造精品城市空间，致力城市品质提升。首先，要在城市建设中体现"做精"发展的要求。城市发展建设要尊重和传承新区的自然基底，体现生态优先的原则，构建良好的城市生态格局。其次，在城市建设中，要提高土地利用效率，节约土地资源，体现城市高质量发展的要求。最后，还要注重城市风貌塑造，打造大地景观，推进智慧城

市、海绵城市等建设，打造精品城市空间。

2）找准功能定位，提升服务能力。首先，要找准兰州新区的功能定位，提升新区对兰州市缺失功能的补充能力及对兰州市外溢功能的承接能力。在兰州新区城市功能选择上要另辟蹊径，与周边城镇错位发展，重点弥补主城区缺少的城市功能。同时，为主城区城市功能的外溢提供承载空间，助力主城区非省会职能的疏解，例如承接国土安全、出城入园、职业教育、大型游乐等需要空间支持的功能板块。其次，要注重城市非基本职能的建设及城市管理水平的提升。注重城市医疗、基础教育、体育及文化娱乐设施、市政服务设施等公共服务设施的建设，构建5分钟、10分钟、15分钟生活圈组织。同时，引入精细化的城市管理理念，提高城市的管理水平，全面提升新区的服务能力。

从市级层面看，兰州新区应以推动兰州都市区发展为重点，为兰州城市发展提供重要的空间载体和产业支撑，进一步提升自身城市职能、城市品质和服务能力，推进兰州都市区快速发展，以都市区发展推动兰州做大、做强、做精。

四、从自身层面转变发展思路

1.区域协同，错位发展，明确发展新目标

（1）落实"一心·两翼"空间发展格局，共筑"大兰州"

2017年8月2日，兰州市委十三届七次全会提出，抓紧研究城市东扩战略，适时规划建设城市副中心。2018年1月6日，兰州市政府工作报告提出，推动形成主城四区为核心、新区和榆中为两翼的"一心·两翼"城市发展格局。2019年2月22日，兰州市政府工作报告提出，深化"一心·两翼"发展布局，提前启动编制经济社会发展中长期规划和新一轮城乡总体规划，推动工业向北发展、人口向东转移、中心城区疏解，着力构建多极支撑的"大兰州"发展格局。

"一心·两翼"空间发展格局已成为构建"大兰州"的重要举措。

1）一心。一心指兰州市主城四区（城关区、安宁区、七里河区、西固区）。其发展重点是提升城市品质，打造精致兰州，推进高端要素集聚，有效疏解非省会城市核心功能，提高核心竞争力。

2）两翼。北翼指兰州新区。推进兰州新区从"产业新区"向"区域新城"转变，将其打造为国际交往与服务中心、自贸示范区核心区、产业创新与转型发展示范区。东翼指榆中县。高水平建设榆中生态创新城，突出其科技创新、旅游服务、休闲康养等职能，将其打造为城市副中心。

兰州新区应积极融入全市"一心·两翼"发展格局，承载兰州核心功能，共担省会城市责任，与主城区、榆中县共同推动"大兰州"发展。

（2）找准定位，协调发展

兰州新区在全市发展格局中，应找准自身定位，与主城区、榆中县错位发展。主城区主要提升城市服务功能；榆中县依托生态创新城建设，重点补充省会城市功能；兰州新区则应协调主城区和榆中县的功能定位，强化产业发展效能，以产业发展带动人口集聚和城市发展。

（3）定位提升，生态文明指引

全面落实党中央提出的生态文明建设新理念、黄河流域生态保护和高质量发展新要求，推动兰州新区高质量发展；延伸产业链，推动兰州新区由"产业新区"向"区域新城"转变，在用地增长方式上从过度依赖"增量"转为"增存转"并举。

（4）目标提升，五大理念转型发展

贯彻和落实新发展理念是党和国家的战略部署。兰州新区未来发展需要从经济、社会、生态环境、资源利用等方面优化传统目标，以"创新、协调、绿色、开放、共享、安全"为新发展理念，以"生态优先、高质量发展"为总体发展目标，坚持国家赋予的四大战略定位，明确具有新理念、新要求和新内涵的特色目标。

2. 生态优先，以人为本，转变发展新思路

（1）实现"一优三高"

推进高质量发展，着重提高兰州新区国土空间利用效率与效能。在国土空间开发保护过程中贯彻"创新、协调、绿色、开放、共享"五大发展理念，提高空间利用效率和产出效益。引导高品质生活，着力实现国土空间供给质量的升级，形成匹配理想人居环境的高品质城市建设指标和导则体系。实现高水平治理，着力保障山水林田湖草与魅力城乡的协调发展，做好生态本底的整体保护，实现自然资源资产的合理可持续利用。

（2）以人为本，打造宜居之城

落实习近平总书记关于城市规划建设的相关重要讲话精神，建立以人民为中心，高品质生活为目标，基本公共服务均好的服务体系，满足人民对美好生活的需要。贯彻落实"城市是人民的，城市建设要坚持以人民为中心的发展理念，让群众过得更幸福"重要指示，兰州新区国土空间发展要突出人民性，用人民群众满意度来衡量国土空间开发保护的合理性。

（3）转变城市发展理念，促进产城融合发展

1）转变城市发展重心。围绕兰州新区"西北地区重要的经济增长极、国家重要的产业基地、向西开放的重要战略平台和承接产业转移示范区"的四大功能定位，加快改革创新步伐，推动实体经济发展，走"以产带城、以城促产、产城融合"发展的路子。从"产"的聚集和"城"的建设两方面入手兰州新区国土空间规划，实现由基础设施投

资拉动向产业支撑发展的转变。按照产城融合发展的思路，使其快速成长为产城深度融合、服务配套齐全、创新要素集聚、开放活力涌现、生态绿色宜居的现代城市。

2）转变城市发展动力。过去支撑城市发展的原有动力是投资、出口和消费，其中投资拉动占主导地位。随着新经济时代的来临，未来的5～15年内，中国的经济增长模式将由过去的"出口导向、消费和投资驱动"向"更多地依靠消费、更多地依靠服务业、更多地依靠技术进步"转变，城市发展动力也将由传统三驾马车"投资、出口、消费"向新三驾马车"消费、服务、技术进步"转变。2016年，中央经济工作会议也提出要深入实施创新驱动发展战略，广泛开展大众创业、万众创新，促进新动能发展壮大、传统动能焕发生机。因此，兰州新区的发展动力应由传统投资驱动向特色创新驱动转变。

3）转变城市发展理念。积极落实党的十九大和十九届二中、三中、四中全会，中央城市工作会议等重要会议精神，将创新发展、协调发展、绿色发展、开放发展、共享发展理念贯穿于城乡规划建设的全过程，依托特色优势产业，推动城乡发展模式和路径转型升级。发展理念也要进行转变，要从经济挂帅转向重生态、重民生、重文化、重创新、重特色的新理念。

4）转变产业发展方式，着力发展生态产业。发挥兰州新区的经济战略平台作用，顺应全省十大生态产业发展思路，加快发展九大优势产业，延伸产业链，建设具有核心竞争力的产业集群，构建生态产业体系向绿色转型，推动全省经济绿色增长，打造绿色发展崛起示范区。

3. 划定底线，打破常规，构建发展新格局

（1）坚守红线，确保生态和粮食安全

牢固树立"生态优先，绿色发展"理念，守住生态保护红线，以生态红线为核心，生态保护区为基底，保障兰州新区生态安全。兰州新区生态红线主要分布在永登县西北部山区，榆中县南部山区，中心城区南北两山的自然保护地，永登县、榆中县的水土流失极脆弱区，其他区域零星分布。

兰州新区全域生态保护红线包括秦王川国家湿地公园、石门沟水库、皋兰自来水水库水源地一级保护区。

目前，兰州市域已划定的永久基本农田主要分布在"五沿三灌"（沿黄河、宛川河、庄浪河、湟水河、大通河，引大、三电、西电灌区）川水地区，以及七里河南山，榆中北山，皋兰县、永登县内相对集中且较宽阔平坦的沟坝地。兰州新区永久基本农田主要沿干渠分布在北部秦王川盆地内，其余的在东侧山谷内呈网状分布。

兰州新区基本农田的数量在市域范围内占有一定份额，守住兰州新区基本农田保护红线也是建设整个兰州市粮食安全体系的重要部分。

（2）由集中式建设向组团发展转变

在国土空间规划背景下，兰州新区城市发展格局从集中建设式向组团式转变是提高城市发展效率、确保城市生态空间、促进城市生活生产空间与生态空间互融的必然选择。从未来的人口规模来看，至2035年，兰州新区人口可达到140万人，属Ⅱ型大城市。组团式发展是Ⅱ型大城市发展的诉求。未来兰州新区将从以中川镇、秦川镇、西岔镇等为中心的"一主"向"一主多组团"转变。

从兰州新区自身层面看，其应按照国务院《关于同意设立兰州新区的批复》文件精神，在现状托管中川镇、秦川镇、西岔镇的基础上，按程序推动永登县上川镇、树屏镇和皋兰县水阜镇托管工作，逐步拓展自身发展空间，促进功能区与行政区协调发展、融合发展；同时，兰州新区还应进一步转变发展方式，坚持生态优先、底线约束，加强区域协同发展，明确自身发展目标，构建科学合理的发展格局，实现高质量发展。

第三节　城镇发展规模研究

一、城镇人口规模分析

1.现状人口发展特征

人口规模迅速扩大。根据兰州新区公安部门数据，2011年年底，兰州新区秦川和中川户籍人口13.12万人，未统计常住人口；2012年年底，秦川和中川户籍人口13.11万人，常住人口13.25万人；截至2020年12月底，兰州新区服务管理人口达46.5万人，规划核心区常住人口自2012年新区成立以来，年均增长率17%，为全国人口增长率最高区域。

人口结构逐步优化。截至2020年，兰州新区户籍人口性别比值为102.20，与2011年的105.70相比有所下降。兰州新区常住人口性别比值经历了先升后降的变化，2012年到2017年持续增长，在2017年达到最大值，为134.27，2017年后有所下降。下降原因在于，新区建设初期，相应产业发展滞后，常住人口以入驻的建筑工人为主，女性人口偏低，而后随着相应产业的发展，女性人口占比逐渐提高，男女比例渐趋平衡（图4-1）。

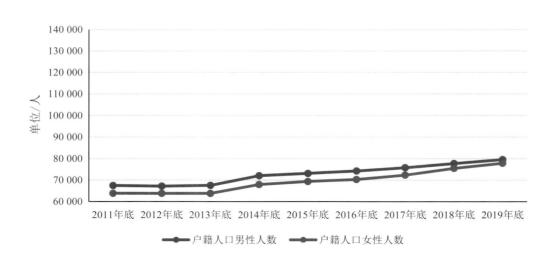

图4-1 兰州新区城区户籍人口结构图

［资料来源：兰州统计年鉴（2010—2020年）］

截至2020年，兰州新区0～14岁人口数量为3.34万人，占总人口的比重为21.2%，与2011年相比，其占比上升了1%。截至2017年，兰州市0～14岁人口数量为53.30万人，占兰州市总人口的比重为14.3%，与2011年相比，其占比上升了1.3%。相比之下，兰州新区"少子化"现象有所改善。兰州新区自设立以来，一直通过吸引外来劳动力人口促进其产业转型升级（图4-2）。

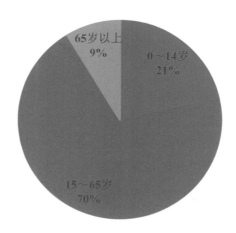

图4-2 兰州新区城区2020年户籍人口年龄结构图

（资料来源：兰州市第七次全国人口普查公报）

人口质量稳定提高。城乡居民受教育水平和文化素质全面提高，高新技术产业从业人数逐年增加。截至2020年，中川园区从事产业项目的企业人数共2.36万人；装备制造业和生物医药占主导地位，从业人数自2012年开始迅速上升，截至2019年分别为0.96万人和0.59万人；商贸物流和新材料产业从业人数呈缓慢上升趋势；自2015年起，新能源汽车制造、现代农业、大数据和信息化、文化旅游等产业从业人数逐年增加。人口质量的提高为兰州新区高质量快速发展提供了智力支撑。截至2020年，职教园区新建成院校3所，入驻师生总数达7万人；兰州理工大学技术工程学院实现当年建成、当年招生；甘肃政法大学等6所院校加快建设；引进兰州交通大学博文学院、兰州航空旅游职业学院；共享区工业4.0实训中心、孵化基地等公共配套全面投运。兰州新区成为名副其实的高技能人才"摇篮"（表4-3，图4-3）。

表4-3　兰州新区各园区不同产业从业人数

单位/人

园区	年份	生物医药	商贸物流	文化旅游	装备制造	大数据和信息化	新能源汽车制造	新材料	现代农业	其他	合计
中川园区	2009	20	—	—	—	—	—	—	—	—	—
	2010	417	—	—	65	—	—	11	—	—	—
	2011	417	164	—	350	—	—	11	—	—	—
	2012	448	202	—	472	—	—	11	—	—	—
	2013	913	616	—	2455	—	—	458	—	—	—
	2014	3273	896	—	2786	—	—	578	—	—	—
	2015	3391	1077	—	4823	56	384	740	10	—	—
	2016	3834	1192	135	9212	56	804	970	554	—	—
	2017	4200	1309	255	9494	97	944	1030	554	—	—
	2018	5885	1747	275	9566	188	944	1504	597	—	—
	2019	5888	1747	275	9566	188	944	1504	597	2902	23 611
秦川园区	2019	0	224	34	474	38	121	771	198	163	2023

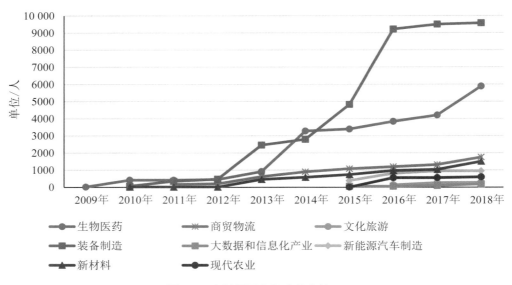

图4-3　中川园区各行业从业情况

民生福祉明显提升。2018年，兰州新区居民平均期望寿命为76岁。近年来，城乡居民社会养老保险制度实现了全覆盖，农村一、二类低保在省定标准基础上持续提高。2019年，城乡居民医保参保率达99.3%，智慧医疗项目覆盖兰州新区20多万人。兰州新区下辖医疗卫生机构形成了信息资源整合、管理规范、高效统一、实用共享、公平普惠的人口健康信息服务体系。兰州新区居民可以通过网络在家中查询自己的健康资料，或使用统一的健康卡在各医疗机构进行就诊，享受便捷、全方位的疾病诊治、医疗咨询、健康教育、医疗保健等健康服务。各医疗机构还可以运用卫生信息网为居民提供主动的、人性化的健康服务，极大地提高了居民的健康水平与生活质量。

人口政策成效显著。全面两孩政策实施后，兰州新区人口自然增长率达到15‰，比2011年增加了约10‰。优生优育工作取得新进展，计划生育优质服务实现全人群覆盖。户籍制度改革继续深化，户籍迁入政策不断完善。出台并实施的居住证制度，更好地保障了外来人口公平享受基本公共服务的权利，基本公共服务均等化程度提高。积极创新社会管理体制，推进了外来人口的社会融合。

2.兰州市各县区人口规模预测

兰州新区人口规模的预测范围为托管的6镇范围，总面积共1715.93 km²。人口规模预测主要结合相关规划和研究进行。

在兰州市人口规模发展趋势研究中，对预测的2035年650万人的全市域常住人口模拟了两种分布方式。"多中心均衡"城镇分布下兰州新区2035年常住人口为131.64万人；"单中心集聚"城镇分布下兰州新区2035年常住人口为70.57万人（表4-4）。

表4-4 兰州市各县区"多中心均衡"与"单中心集聚"分布方式的人口分布情况

县区	2016年常住人口/万人	多中心均衡		单中心集聚	
		2035年常住人口/万人	增量/%	2035年常住人口/万人	增量/%
城关区	130.52	130.52	—	201.86	71.34
安宁区	28.25	28.25	—	93.00	35.99
七里河区	57.01	57.01	—	54.54	17.75
西固区	36.79	36.79	—	49.18	20.93
红古区	14.09	34.44	20.35	24.60	10.51
皋兰县	10.76	71.63	37.11	54.87	20.35
永登县	34.52	54.85	44.09	30.80	20.04
榆中县	44.33	104.86	60.53	70.59	26.26
兰州新区	14.28	131.64	117.36	70.57	56.29
总计	370.55	650.00	279.45	650.00	279.45

3. 兰州新区人口规模预测

2020年4月，中共中央、国务院发布的《关于构建更加完善的要素市场化配置体制机制的意见》中指出，要建立城镇教育、就业创业、医疗卫生等基本公共服务与常住人口挂钩机制，推动公共资源按常住人口规模配置。由于所有基本公共服务，如城镇教育、就业创业、医疗卫生等均与常住人口挂钩，本次人口规模测算中不再考虑户籍人口的规模测算，仅以常住人口为核心进行规模测算。

2020年5月，中共中央、国务院公布的《关于新时代加快完善社会主义市场经济体制的意见》中进一步提出，要建立健全统一开放的要素市场，推动公共资源由按城市行政等级配置向按实际服务管理人口规模配置转变。意见指明区域人口规模计算中，一方面要考虑到常住人口规模，同时要纳入实际服务管理的人口规模。基于此，本次分析中的人口发展规模测算分为两部分，一部分为常住人口测算，一部分为实际服务管理的人口测算，以便为公共资源配置提供基础数据支持。

根据国内部分城市人口的统计，其服务人口与常住人口比值约在1.23到1.66之间。兰州新区现状服务管理人口与常住人口比例（不含新纳入的石洞镇、黑石镇和什川镇）

约为1.074（36.5/34）。随着兰州新区产业的逐步发展，尤其是第三产业的发展，该比例将逐步增大。考虑到兰州新区作为发展相对较晚的城市，又地处西北，流动人口比例一般达不到我国东南沿海地区的比例（图4-4），本预测方案参照天津新区的人口比例进行计算，即2035年兰州新区服务管理人口与常住人口的比例值为1.32。在此基础上，设定近期2025年的比例值为1.15，中期2030年的比例值为1.24（表4-5）。

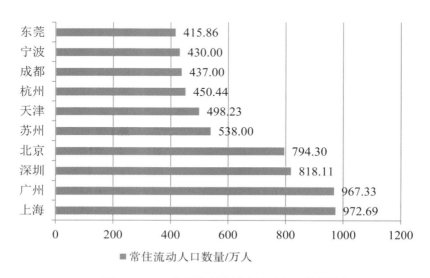

图4-4　2019年国内部分城市流动人口数量排名

（资料来源：中国统计年鉴）

表4-5　2019年国内部分城市常住人口和服务管理人口数据

单位/万人

城市	常住人口	流动人口	服务管理人口	服务管理人口/常住人口
上海	2418	972	3390	1.40
广州	1865	967	2832	1.52
深圳	1252	818	2070	1.65
北京	2153	794	2947	1.37
苏州	1229	538	1767	1.44
天津	1556	498	2054	1.32
杭州	1204	450	1654	1.37
成都	1872	437	2309	1.23
宁波	1026	430	1456	1.42
东莞	627	415	1042	1.66

（资料来源：中国统计年鉴）

（1）类比法

兰州新区的设立及发展与我国深圳经济特区和浦东新区有相似之处，均是经历了从无到有的过程。因此，通过类比法比较深圳经济特区、浦东新区自建立后20年的时间段内常住人口的年均增长率，将其结果作为预测兰州新区2035年人口发展规模的参照（表4-6）。

通过计算，深圳经济特区从1980年设立到2000年20年的时间段内，人口年均增长率为16.46%，浦东新区从1992年设立到2012年20年的时间段内，人口年均增长率为6.89%，二者的人口增长率平均数为11.68%。兰州新区地处西北，自设立至今10年间的人口年均增长率达12.89%，考虑到后期人口增长率难以长期维持这个增长速度，故本次的人口规模预测增长率按年均10%计算。预计到2035年，兰州新区的人口规模约为195万人（表4-7）。

表4-6　深圳经济特区和浦东新区常住人口统计表

单位/万人

年份	深圳经济特区常住人口	年份	浦东新区常住人口
2000	701.24	2012	526.40
1999	405.13	2011	517.50
1998	394.96	2010	504.44
1997	379.64	2009	419.05
1996	358.48	2008	305.70
1995	449.15	2007	305.36
1994	—	2006	285.30
1993	294.99	2005	279.19
1992	—	2004	—
1991	—	2003	—
1990	167.78	2002	—
1989	—	2001	—
1988	—	2000	240.23
1987	—	1999	—
1986	—	1998	—
1985	88.15	1997	—

续表4-6

年份	深圳经济特区常住人口	年份	浦东新区常住人口
1984	—	1996	—
1983	—	1995	—
1982	—	1994	—
1981	—	1993	—
1980	33.29	1992	138.80

表4-7　基于类比法测算的兰州新区常住人口结果表

单位/万人

年份	兰州新区常住人口
2025	90.00
2030	135.00
2035	195.00

（2）人口分类计算法

1）生态移民承接人口估算。2020年底，《兰州新区承接灾后重建易地搬迁和生态移民安置工作方案》经甘肃省政府印发实施，为兰州新区承接易地搬迁和生态移民提供了政策依据。根据方案，城镇户籍安置房以兰州新区保障性住房（公租房、经适房）和团购商品房作为安置房源。截至2020年底，已建项目可安置总套数0.36万户，可安置人数1.16万人；在建项目可安置总套数1.50万户，可安置人数4.82万人；拟建项目可安置总套数10.36万户，可安置人数33.15万人。同期，城镇安置可安置总套数为9.90万户，可安置人数为31.69万人。农村安置房按照开发性移民方针，选择尽量靠近城镇集中建设区以及公路沿线基础设施条件好、配套设施齐全的区域，以高标准农田建设难易程度、公共服务设施及市政基础设施配套条件等划分为近期（2025年）、中期（2030年）、远期（2035年）安置计划。近期可安置总户数为0.91万户，可安置人数为3.86万人；中期可安置总户数为0.53万户，可安置总人数为2.09万人；远期可安置总户数为1.15万户，可安置总人数为4.59万人。农村安置总户数为2.59万户，安置总人数为10.54万人。综上，"十四五"期间兰州新区总计承接安置人数约42万人。

"十四五"末，兰州新区承接搬迁人口基数为42万人。"十五五"至"十六五"期间每年搬迁户数为1.8万户，搬迁人口约5.3万人，10年合计搬迁人口53万人。搬迁人口的自然增长率按5‰计算，自"十四五"末至2035年，自然增长人口约5万人。

承接人口估算的计算公式：

$$S_{2035}=S_{2025}\times1.005^{10}+3\times\left(\frac{1.005^{10}-1}{0.005}\right)+53\approx100（万人）$$

至2035年，随着人口的自然增长和持续搬入，兰州新区承接搬迁民众的总人口规模约为100万人。

2）出城入园人口估算。根据《兰州市企业出城入园搬迁改造实施方案》（兰政办发〔2014〕223号），兰州市近郊四区需搬迁改造的工业企业包括：在城市规划区内因受到场地等因素制约而严重影响经营发展的优势骨干企业，其应通过整体或部分的搬迁改造；中心城区内有污染的企业、高耗能企业和大运输量企业；中心城区内的一般企业，其应适应城市规划要求逐步创造条件实施搬迁改造。

出城入园企业大多为劳动密集型企业，该类型企业亦是兰州新区增长人口的重要来源。根据规模测算，出城入园人口规模在15万人左右。

3）产业吸纳人口估算。兰州新区为产业新城，是今后一段时期内甘肃乃至西北地区主要的产业集聚地。随着引进企业建设完成、企业投产，人口需求被激发，人口规模将呈快速增加趋势。相应产业的发展必然推动生产型服务业向新区集聚，成为产业人口增长的重要因素。随着九大产业的渐趋成熟以及五大产业园区的建成，将会吸引到大量的周边城市人群来兰州新区就业，产业人口将会成为兰州新区服务人口的重要组成部分。参照国内其他地区产业新城的人口吸纳能力，估计兰州新区产业吸纳人口规模在40万人左右。

4）职教园区人口估算。根据兰州新区职教园区规划及各学校吸纳学生人数的规模，2030年，职教园区师生规模达到稳定，人口规模在30万～35万人；2030—2035年间，师生人数规模保持稳定不变。

5）配套服务人口估算。服务业包括生产型服务业和生活型服务业。根据兰州新区的发展趋势，兰州新区产业发展逐渐呈集群发展，生产型服务业的配套必须重视，这也是吸纳人口的重要方面。同时，生活型服务业与产业发展具有紧密关系，其二次产业人口与三次产业人口的比例随着城市的发展会逐渐降低，最终三次产业人口基本和二次产业人口持平，甚至会超过二次产业人口。

从前述的产业人口规模来看，至2035年，兰州新区产业人口规模约55万人。由于部分人口实际上为从事相关服务业的易地搬迁人口，按1:1比例计算，其三次产业人口规模在2035年亦可能达到60万人。实际新增服务人口在40万人左右。

综合以上人口来源组成，兰州新区2035年常住人口规模约为250万人（表4-8）。

表4-8　基于人口分类计算法测算的兰州新区常住人口结果表

单位/万人

年份	生态移民承接人口	出城入园人口	产业吸纳人口	职教园区人口	配套服务人口	合计常住人口
2025	42	8	20	20	20	110
2030	70	12	30	30	35	177
2035	100	15	50	30	55	250

（3）人均生产总值反演法

2019年，浦东新区、滨海新区、舟山群岛新区、南沙新区、西咸新区、天府新区、西海岸新区等国家级新区的人均生产总值均值为16.36万元，兰州新区的人均生产总值为4.34万元。预计2035年，兰州新区人均生产总值与国内较发达地区的现状水平齐平，在10万～12万元（表4-9，表4-10）。

表4-9　部分国内生产总值万亿元城市2020年人均生产总值

城市	生产总值/亿元	常住人口/万人	人均生产总值/万元
无锡	12 370.48	746.21	16.58
北京	36 102.60	2189.31	16.49
南京	14 817.95	931.47	15.91
苏州	20 170.50	1274.83	15.82
深圳	27 670.24	1756.01	15.76
上海	38 700.58	2487.09	15.56
杭州	16 105.83	1193.60	13.49
广州	25 019.11	1867.66	13.40
宁波	12 408.66	940.43	13.19
南通	10 036.30	772.66	12.99
武汉	15 616.06	1232.65	12.67
青岛	12 400.56	1007.17	12.31
福州	10 020.02	829.13	12.09
长沙	12 142.52	1004.79	12.08

城市	生产总值/亿元	常住人口/万人	人均生产总值/万元
泉州	10 158.66	878.23	11.57
佛山	10 816.47	949.89	11.39
济南	10 140.90	920.24	11.02
合肥	10 045.72	936.99	10.72
天津	14 083.73	1386.60	10.16
郑州	12 003.00	1260.06	9.53
成都	17 716.70	2093.78	8.46
重庆	25 002.79	3205.42	7.80
西安	10 020.39	1295.29	7.74

（资料来源：中国统计年鉴）

表4-10　部分国家级新区2019年人均生产总值

国家级新区	生产总值/亿元	常住人口/万人	人均生产总值/万元
浦东新区	12 734	556	22.90
滨海新区	5849	263	22.22
舟山群岛新区	1372	110	12.50
南沙新区	1683	77	21.75
西咸新区	521	104	5.00
西海岸新区	3554	152	23.33
天府新区	476	70	6.80

（资料来源：各新区统计公报）

　　根据兰州新区生产总值的增长速度计算，2011—2019年，兰州新区生产总值平均年增长率为22.8%。后期的年均增长率按15%计算，至2035年，兰州新区的生产总值约为2500亿元，这与兰州市的预测相符。由此，兰州新区可承载的人口规模在210万～250万人，此处取中值230万人（表4-11）。

表4-11　基于人均生产总值反演法测算的兰州新区常住人口结果表

年份	人均生产总值/万元	生产总值/亿元	常住人口/万人
2025	6～7	600	95
2030	8～9	1300	150
2035	10～12	2500	230

（4）人口规模预测合计

综合上述三个方法预测的结果，将三者平均，得到2035年兰州新区的人口规模约为230万人（表4-12）。

表4-12　兰州新区常住人口测算结果表

单位：/万人

年份	基于类比法	基于人口分类计算法	基于人均生产总值反演法	综合结果
2025	90	110	95	100
2030	135	170	150	160
2035	195	150	230	230

兰州新区2025年人口规模。2020—2025年间是兰州新区易地搬迁人口快增长期，其产业经历了过去10年的积累逐渐到了起飞阶段，人口吸纳动能释放，职教园区招生规模也在这一时期扩大，因此该时期是兰州新区人口爆发期。预计该时期内人口增长率较快，在20%左右。至2025年，人口规模预计将从2020年的46.5万人增长到约100万人。

兰州新区2030年人口规模。2025—2030年间易地搬迁人口增速逐渐降低，但产业吸纳能力持续发力，人口增速相对2020—2025年间有所降低，但自然增长率保持较高水平，总体年均增长率预计在12%左右，到2030年人口规模预计达到约160万人。

兰州新区2035年人口规模。2030—2035年间易地搬迁人口增速进一步降低，并逐步变成零增长，职教园区的人口也逐步稳定，不再增长。这一时期的人口增长以自然增长和较为稳定的机械增长为主，增速进一步降低，预计人口综合增长率在8%左右，到2035年人口规模预计达到约230万人。

二、城镇建设用地规模研判

1. 土地利用现状

按照《第三次全国国土调查技术规程》（简称《技术规程》）对兰州市第三次国土调查数据（简称"三调"）进行分类认知，摸清了兰州市国土空间的土地利用现状。按照《技术规程》，"三调"用地可以划分为三大类用地、一级类用地和二级类用地。

1）三大类用地现状。兰州新区托管6镇范围总面积为1715.93 km²，三大类用地分别为建设用地、农用地、未利用地。其中，建设用地面积为157.07 km²，占全域土地总面积的9.15%；农用地面积为679.48 km²，占全域土地总面积的39.60%；未利用地面积为879.38 km²，占全域土地总面积的51.25%。

2）一级类用地现状。兰州新区13个一级类用地中，占比较高的用地依次为：草地、耕地、林地、交通运输用地、种植园地、住宅用地、工矿用地、水域水利设施用地、公共管理与公共服务用地、商业服务业用地、湿地、特殊用地、其他土地。

3）二级类用地现状。兰州新区托管6镇范围的二级类建设用地面积为157.07 km²。对兰州新区21项二级类建设用地筛选后发现，其城乡建设用地由其中14类建设用地构成，总规模为110.11 km²，占建设用地总量的70%。

2. 用地需求总量测算

（1）城乡建设用地

1）人口增长需求。至2035年，兰州新区城镇人均建设用地指标取值为115 m²，比2017年全市人均城镇建设用地指标下降了0.7 m²；村庄人均建设用地指标取值为170 m²，比2017年全市人均村庄建设用地指标下降约267 m²。按此测算，至2035年，兰州新区城镇人口建设用地需求为143 km²，乡村人口建设用地需求约为25 km²，城乡人口建设用地需求为168 km²。

2）国家战略需求。建议将兰州新区城乡建设用地规模分为保障人口增长需求用地和保障国家战略需求用地两部分核算。根据兰州新区人口和用地规模变化趋势，基于2017年现状，初步判断，至2035年兰州新区保障国家战略需求用地为105 km²（表4-13）。

表4-13　兰州新区关键节点人口规模和城乡建设用地规模变化趋势表

年份	城乡建设用地规模/km²	村庄建设用地规模/km²	"人地相适"城市建设用地规模			额外用地规模/km²
			常住人口/万人	人均指标上限/(m²/人)	用地规模/km²	
2014	92.73	40.54	15.26	115	17.55	34.64
2017	114.11	39.88	20.50	115	23.58	50.66

注：上述人口数据按照兰州新区实际托管的西岔镇、秦川镇、中川镇进行分析。

3）城乡建设用地总量。城乡建设用地总量包含兰州新区保障人口增长需求的168 km²和保障国家战略需求的105 km²两部分，合计273 km²，其中城镇和村庄建设用地分别为248 km²和25 km²。

（2）其他建设用地

建设用地总量包含城乡建设用地和其他建设用地两部分，合计约为380 km²。

"三调"数据中，其他建设用地共7类，总用地规模为46.96 km²，占建设用地总量的30%。随着基础设施的进一步完善，其用地规模增长速度会趋于平稳，预测2035年其他建设用地占建设用地总量的比例约为28%，相应规模约为106 km²。

第五章　兰州新区国土空间格局优化研究

第一节　基础评价

一、国土空间开发适宜性评价

1.生态保护重要性评价

生态保护重要性评价包括生态系统服务功能重要性评价和生态脆弱性评价。生态系统服务功能重要性评价主要分析生态系统服务功能的空间分异特征；生态脆弱性评价是指分析区域内生态系统对人类活动的敏感反应，可以反映生态失衡与发生生态环境问题的可能性大小。

（1）生态系统服务功能重要性评价

从全域生态安全底线出发，根据区域自然生态环境特征，依据双评价技术指南最新要求，选取水土保持、生物多样性维护、防风固沙、水源涵养四个评价因子，对兰州新区生态系统服务功能重要性进行评价。

1）水土保持功能重要性评价。通过生态系统类型、植被覆盖度和地形特征的差异，评价生态系统土壤保持功能的相对重要程度。一般地，森林、灌丛、草地生态系统的土壤保持功能重要性相对较高，植被覆盖度较高、坡度较大的区域，土壤保持功能重要性较高（表5-1）。

表5-1　水土保持功能重要性分级标准

重要性	坡度	植被类型	植被覆盖度
极重要	≥25°	森林、灌丛、草地	≥80%
重要	≥15°	森林、灌丛、草地	≥60%

评价结果显示，兰州新区水土保持重要区域面积约 124.04 km²，约占区域土地总面积的 4.36%，其主要分布在中川镇南部、石洞镇南部、什川镇北部和水阜镇西部等区域。这些地区地形起伏大，土壤质地较松散。

2）生物多样性维护功能重要性评价。生物多样性维护功能重要性从生态系统、物种和遗传资源三个层次进行评价。

在生态系统层次，可以按照如下评价准则明确优先保护生态系统类型，进而补充生物多样性维护功能重要区域。评价准则为：将原真性和完整性高，需优先保护的陆域自然生态系统（森林、草地、湿地、荒漠）和海洋生态系统划入极重要等级，其他优先保护生态系统划入重要等级。在物种层次，以具有重要保护价值的物种为保护目标，将国家一级保护物种的集中分布区划为生物多样性保护极重要区，将国家二级及省级保护物种的集中分布区纳入生物多样性保护重要区。在遗传资源层次，将重要种质资源的集中分布区纳入生物多样性保护极重要区。

评价结果显示，兰州新区生物多样性维护极重要区域面积约为 1.90 km²，约占区域土地总面积的 0.06%，其主要分布在中川镇中部；重要区域面积约 633.39 km²，约占区域土地总面积的 22.24%，其主要分布在上川镇南部、中川镇南部等区域。这些区域自然植被保存较完整（图 5-1）。

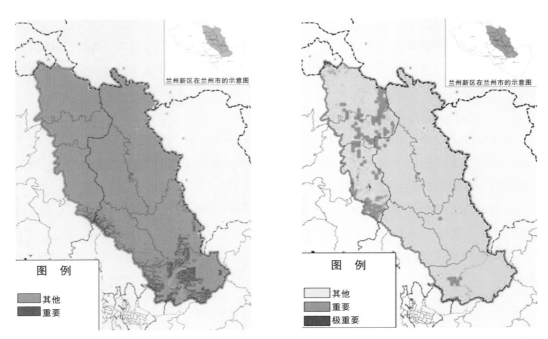

图 5-1　兰州新区水土保持功能重要性评估结果（左）与生物多样性维护功能重要性评估结果（右）示意图

注：该图基于甘肃省标准地图在线服务系统审图号为甘 S（2021）91 号的标准地图制作，底图无修改。

3）防风固沙功能重要性评价。通过生态系统类型、植被覆盖度和大风天数，评价生态系统防风固沙功能的相对重要程度。一般地，森林、灌丛、草地生态系统的防风固沙功能相对较高，植被覆盖度较高、大风天数较多的区域，防风固沙功能重要性较高。分级标准参见下表（表5-2），各地可根据当地实际进行适当调整。经评价，兰州新区无防风固沙极重要和重要区域（图5-2）。

表5-2　防风固沙功能重要性分级标准

重要性	植被类型	大风天数/d	土壤沙粒含量/%	植被覆盖度/%
极重要	森林、灌丛、草地	≥30	≥85	≥15
重要	森林、灌丛、草地	≥20	≥65	≥10

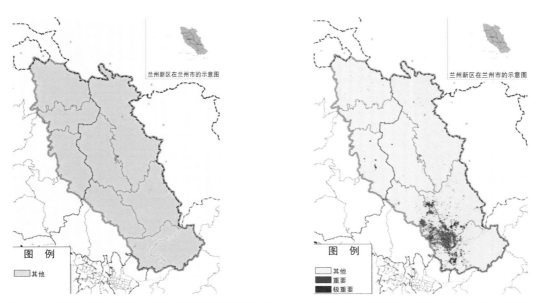

图5-2　兰州新区防风固沙功能重要性评估结果（左）与水源涵养功能重要性评估结果（右）示意图

注：该图基于甘肃省标准地图在线服务系统审图号为甘S（2021）91号的标准地图制作，底图无修改。

4）水源涵养功能重要性评价。通过降水量减去蒸散量和地表径流量得到的水源涵养量，评价生态系统水源涵养功能的相对重要程度。降水量大于蒸散量较多，且地表径流量相对较小的区域，水源涵养功能重要性较高。森林、灌丛、草地和湿地生态系统质量较高的区域，由于地表径流量小，水源涵养功能相对较高。一般地，将累计水源涵养量最高的前50%的区域确定为水源涵养极重要区（表5-3），在此基础上，可结合河流源头区、饮用水水源地等边界进行适当修改。

表 5-3   水源涵养功能重要性分级标准

重要性	植被类型	饮用水水源区	河流源头区
极重要	森林、灌丛、草地、湿地	地市级以上城市集中式饮用水源地	三级以上河流源头区
重要	森林、灌丛、草地、湿地	县级以上城镇集中式饮用水源地	五级以上河流源头区

兰州新区水源涵养极重要区约占区域土地总面积的0.90%，重要区约占区域土地总面积的2.37%。这些区域植被保存较完整，水源涵养功能较强（图5-2）。

通过水土保持、生物多样性维护、防风固沙和水源涵养四个评价因子对兰州新区生态系统服务功能重要性进行评价，结果表明，兰州新区生态系统服务功能极重要区约占区域土地总面积的2.26%；重要区面积约占区域土地总面积的16.95%。

（2）生态脆弱性评价

选取水土流失和土地沙化评价因子对兰州新区生态脆弱性进行评价。

1）水土流失脆弱性评价。评价结果显示，兰州新区水土流失脆弱性的高度脆弱和极脆弱区域总面积约1492.69 km²，约占区域土地总面积的52.41%，其主要分布在北部和东南部区域。该区域地形坡度较大、植被盖度低，发生水土流失等自然灾害的风险较大（图5-3）。

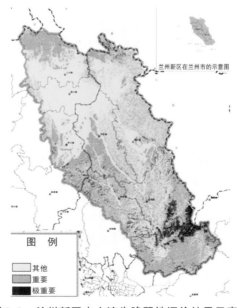

图5-3   兰州新区水土流失脆弱性评价结果示意图

注：该图基于甘肃省标准地图在线服务系统审图号为甘S（2021）91号的标准地图制作，底图无修改。

2）土地沙化脆弱性评价。由于气候与地理等因素，兰州新区土地沙化风险较小，全域无土地沙化极脆弱和脆弱区。

综合单项因子评价结果，兰州新区生态脆弱性分为极脆弱、脆弱和一般脆弱3个等级。兰州新区生态极脆弱区面积为75.55 km²，约占区域土地总面积的2.67%，脆弱区面积为1417.14 km²，约占区域土地总面积的50.00%。

取生态系统服务功能重要性和生态脆弱性评价结果的较高等级作为生态保护重要性等级的初判结果（图5-4）。根据兰州新区实际情况将初判结果的图斑进行调整和优化，并依据地理环境、地貌特点和生态系统完整性确定的边界，修正生态保护极重要区和重要区的边界。

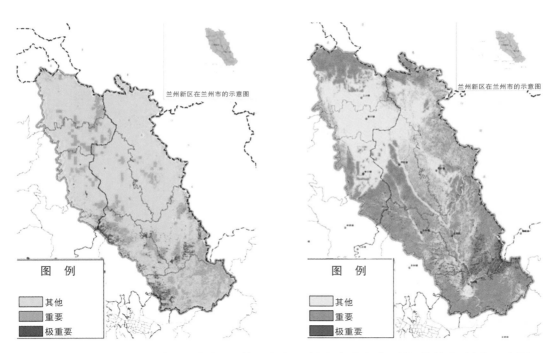

图5-4　兰州新区生态系统服务功能重要性评价结果（左）与生态脆弱性评价结果（右）示意图

注：该图基于甘肃省标准地图在线服务系统审图号为甘S（2021）91号的标准地图制作，底图无修改。

经与兰州新区第三次土地调查数据对比分析，结合兰州市自然保护地优化调整方案、生态保护红线划定成果，经聚合与扣减破碎图斑，形成兰州新区生态保护重要性评价结果。评价结果显示，兰州新区生态保护极重要区面积为4.92 km²，主要涵盖秦王川国家湿地公园、山子墩水库一级保护区、饮用水源地（自来水公司）一级保护区和其他生态重要区域，其约占新区土地总面积的0.17%；兰州新区生态保护重要区面积为670.13 km²，约占新区土地总面积的23.53%（图5-5）。

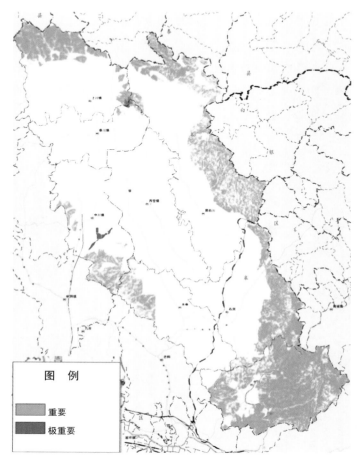

图5-5　兰州新区生态保护极重要及重要区域示意图

注：该图基于甘肃省标准地图在线服务系统审图号为甘S（2021）91号的标准地图制作，底图无修改。

2.农业生产适宜性评价

（1）种植业生产适宜性评价

基于农业耕作条件、农业供水条件、气候评价结果及气象灾害风险性等级开展种植业适宜性评价。

1）种植业土地资源评价。种植业土地资源按农业耕作条件划分为高、较高、中等、较低、低5个等级。其中，高等级面积为310.05 km²，占兰州新区土地总面积的10.89%；较高等级面积为414.82 km²，占兰州新区土地总面积的14.57%；中等等级面积为384.56 km²，占兰州新区土地总面积的13.50%；较低等级面积为432.11 km²，占兰州新区土地总面积的15.17%；低等级面积为1305.77 km²，占兰州新区土地总面积的45.85%。

2）畜牧业土地资源评价。兰州新区牧区畜牧业生产面积为1154.41 km²。其中，优等级面积为208.61 km²，占兰州新区土地总面积的7.32%；良等级面积为790.43 km²，占兰州新区土地总面积的27.75%；中等级面积为471.02 km²，占兰州新区土地总面积的16.54%；低等级面积为84.34 km²，占兰州新区土地总面积的2.96%（图5-6）。

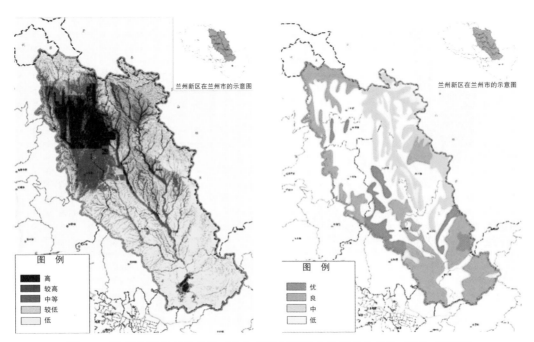

图5-6 种植业耕作条件分级（左）与牧区畜牧业生产条件分级（右）示意图

注：该图基于甘肃省标准地图在线服务系统审图号为甘S（2021）91号的标准地图制作，底图无修改。

3）水资源评价。兰州新区现状供水结构中过境水源占比较大，故此处结合用水总量控制指标模数进行农业生产适宜性评定。用水总量控制指标模数按大于25万 m³/km²、13～25 m³/km²、8～13 m³/km²、3～8 m³/km²、小于3 m³/km²分为好、较好、一般、较差、差5个等级。兰州新区水资源空间分布不均匀，且种植业耕地类型包括旱地、水浇地等不同类型，其对于灌溉水资源量的需求也有所不同，故需在考虑区域供水制约因素、现状水资源配置、西北地区特殊的环境与主要作物需水情况的基础上对评价结果进行修正。从降水指标来看，兰州新区多年平均降水量为325 mm，降水条件较差；

从农业用水条件来看，在引大入秦工程水源供给的保障下，兰州新区用水条件较好。兰州新区地处干旱缺水的西北地区，降水量少，农业种植用地的耕地类型多为旱地，主要种植需水量少的农作物。根据西北地区缺水的总体形势与作物种植类型，可将部分降水量少、农业灌溉用水量少的旱地区域划定为农业生产较为适宜的地区（图5-7）。

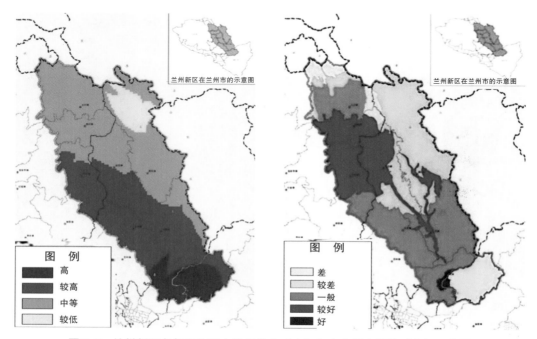

图5-7　兰州新区多年平均降水空间分布（左）与农业用水评价（右）示意图

注：该图基于甘肃省标准地图在线服务系统审图号为甘S（2021）91号的标准地图制作，底图无修改。

4）气候评价。根据活动积温水平分类标准，兰州新区南部地区活动积温水平较高，为一年两熟地区，农业生产适宜性评价为一般；而其他地区活动积温水平较低，为一年一熟地区，农业生产适宜性评价为较差。

5）灾害评价。对各类气象灾害给兰州新区造成的损失确定权值，然后将各乡镇的风险指数叠加，再将综合风险指数进行排序，得到兰州新区农业生产功能指向的气象灾害综合风险区划图（图5-8）。由图可见，兰州新区大部气象灾害综合风险为中等，北侧靠东部气象灾害综合风险等级为较高，南部部分区域气象灾害综合风险为低。

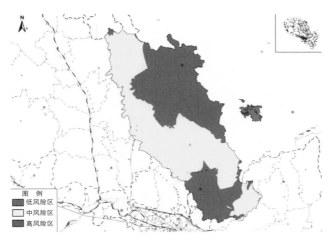

图5-8　兰州新区农业生产功能指向的气象灾害风险等级示意图

注：该图基于甘肃省标准地图在线服务系统审图号为甘S（2021）91号的标准地图制作，底图无修改。

扣除生态保护极重要区域后，兰州新区种植业生产适宜区面积为971.01 km²，占区域土地总面积的34.13%，其主要集中在秦王川盆地（图5-9）。

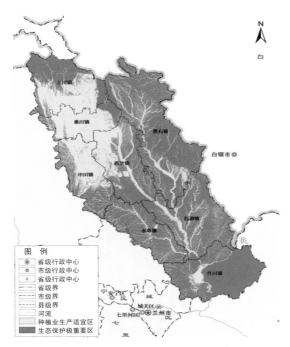

图5-9　种植业生产适宜性评价结果示意图

注：该图基于甘肃省标准地图在线服务系统审图号为甘S（2021）91号的标准地图制作，底图无修改。

（2）畜牧业生产适宜性评价

基于草原饲草生产能力及气象灾害，结合地形坡度开展牧区畜牧业适宜性评价，扣除生态保护极重要区域后，兰州新区牧区畜牧业生产适宜区面积为1549.71 km²，占兰州新区土地总面积的54.42%；不适宜区面积为1.58 km²，占兰州新区土地总面积的0.06%。

3.城镇建设适宜性评价

根据兰州新区建设环境，基于城镇建设土地资源、水资源、大气环境、水环境、地震灾害、地质灾害及区位优势等级等评价因子开展城镇建设适宜性评价，评价结果划分为高、较高、一般、较低和低5个等级。扣除生态保护极重要区后，城镇建设适宜区面积为1402.54 km²，占兰州新区土地总面积的49.29%；不适宜区面积为1440.58 km²，占兰州新区土地总面积的50.63%（图5-10）。

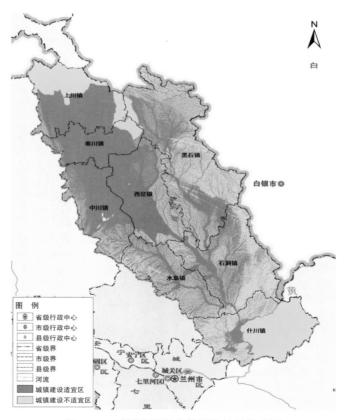

图5-10 城镇建设适宜性评价结果示意图

注：该图基于甘肃省标准地图在线服务系统审图号为甘S（2021）91号的标准地图制作，底图无修改。

二、资源环境承载力分析

1.潜力分析

兰州新区未利用地面积约为1800 km²，分布范围较广。可发展为耕地的潜力规模约为170 km²；可发展为城镇建设用地的潜力规模约为710 km²，其主要包括其他草地、盐碱地、裸土地、裸岩石砾地等未利用地，未利用地开发潜力大（图5-11）。

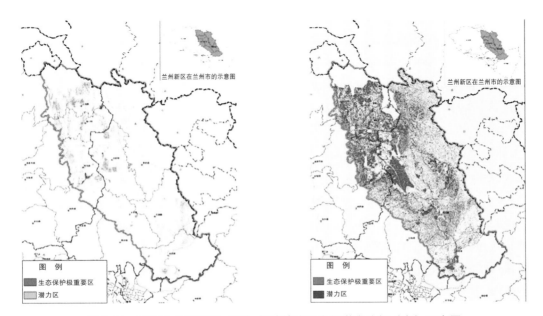

图5-11　种植业生产空间（左）与城镇建设空间潜力分析（右）示意图

注：该图基于甘肃省标准地图在线服务系统审图号为甘S（2021）91号的标准地图制作，底图无修改。

2.水资源承载能力

（1）用水需求预测

1）生活需水量预测。生活用水可分为城镇生活用水和农村生活用水（包括饲养牲畜用水）。根据需水预测定额和预测的城镇、农村以及大小牲畜的发展规模，预测兰州新区2025年综合生活净需水量为8964万～9256万 m³，2030年综合生活净需水量为12 469万～13 236万 m³，2035年综合生活净需水量为17 407万～19 277万 m³。根据各规划水平年的水利用系数，计算得到兰州新区综合生活需水水源断面毛需水量：兰州新区2025年综合生活毛需水量为10 546万～10 890万 m³，2030年综合生活毛需水量为 14 499 万～15 391 万 m³，2035 年综合生活毛需水量为 20 008 万～22 158 万 m³。

2）工业需水量预测。根据预测工业增加值和工业需水定额，预测兰州新区 2025 年工业净需水量为 9632 万 m³，2030 年工业净需水量为 14 973 万 m³，2035 年工业净需水量为 24 000 万 m³。根据兰州新区 2025 年、2030 年和 2035 年非农业供水系统 0.85、0.86 和 0.87 的供水效率，分析得到兰州新区工业需水水源断面毛需水量：2025 年为 11 331.76 万 m³，2030 年为 17 410.47 万 m³，2035 年为 27 586.21 万 m³。

3）生态需水量预测。根据生态用地面积和生态需水定额，预测兰州新区 2025 年道路广场净需水量为 660.65 万 m³，公园绿地净需水量为 577.80 万 m³，景观水体净需水量为 672.00 万 m³，生态林地净需水量为 5484.78 万 m³，生态补水净需水量为 5500.00 万 m³；2030 年，道路广场净需水量为 899.36 万 m³，公园绿地净需水量为 840.60 万 m³，景观水体净需水量为 741.00 万 m³，生态林地净需水量为 6386.90 万 m³，生态补水净需水量为 5500.00 万 m³；2035 年，道路广场净需水量为 1138.44 万 m³，公园绿地净需水量为 1103.40 万 m³，景观水体净需水量为 810.00 万 m³，生态林地净需水量为 6387.00 万 m³，生态补水净需水量为 5500.00 万 m³。根据兰州新区 2025 年、2030 年和 2035 年非农业供水系统 0.85、0.86 和 0.87 的供水效率，分析得到兰州新区生态需水水源断面毛需水量：2025 年，道路广场毛需水量为 777.24 万 m³，公园绿地毛需水量为 679.76 万 m³，景观水体毛需水量为 790.59 万 m³，生态林地毛需水量为 6452.68 万 m³，生态补水毛需水量为 5500.00 万 m³；2030 年，道路广场毛需水量为 1045.77 万 m³，公园绿地毛需水量为 977.44 万 m³，景观水体毛需水量为 861.63 万 m³，生态林地毛需水量为 7426.63 万 m³，生态补水毛需水量为 5500.00 万 m³；2035 年，道路广场毛需水量为 1308.55 万 m³，公园绿地毛需水量为 1268.27 万 m³，景观水体毛需水量为 931.03 万 m³，生态林地毛需水量为 7341.38 万 m³，生态补水毛需水量为 5500.00 万 m³。

4）农业灌溉需水量预测。根据引大入秦、西岔电力提灌的灌溉模式，有效灌溉面积及相应净定额计算得到农业灌溉净需水量。经计算，在高效节水条件下，兰州新区 2025 年农业灌溉净需水量的低值和高值分别为 13 880 万 m³、18 738 万 m³；2030 年，净需水量的低值和高值分别为 15 086 万 m³、20 644 万 m³；2035 年，净需水量的低值和高值分别为 16 092 万 m³、2 2350 万 m³。根据兰州新区农业用地及灌溉水利用系数计算得到灌溉毛需水量，预测兰州新区 2025 年农业用地灌溉毛需水量的低值和高值分别为 22 031.75 万 m³、29 742.86 万 m³；2030 年，毛需水量的低值和高值分别为 23 571.88 万 m³、32 256.25 万 m³；2035 年，毛需水量的低值和高值分别为 24 756.92 万 m³、34 384.62 万 m³。

5）需水总量预测。兰州新区 2025 年净需水总量为 4.54 亿～5.05 亿 m³，2030 年净需水总量为 5.69 亿～6.33 亿 m³，2035 年净需水总量为 7.24 亿～8.05 亿 m³。

（2）可供水分析

兰州新区的取水水源主要为大通河、黄河和再生水，对应的取水工程有引大入秦工程和西岔电力提灌工程。依据兰州新区水资源论证报告，2030年引大入秦工程、西岔电力提灌工程、机场供水以及中水四项工程的总可供水量为5.12亿m³。这一数值未包含地下水及部分水源地的水资源。由于其保护措施严格，可利用规模较小，故对总供水量的影响较小。所以，在对兰州新区水资源的论证中还可新增1亿m³可供水量。

综上，从区域供水能力的角度分析，区域供水能力尚不能保证本次研究区域内的用水需求。

（3）区域供水指标分析

兰州市下达的2030年县级用水指标中，兰州新区托管6镇的用水指标总量为4.95亿m³，2030年至2035年期间，需在该指标基础上增加1.17亿m³的用水指标。

本次水资源承载能力分析是基于兰州新区水资源论证报告分析的，但由于两项研究的分析范围和研究期限不一致，一些数据会存在偏差，预测数据的合理性也难以保证。

基于前文论述，目前区域供水能力尚不能保障微观研究范围内的供水需求。同时，由于2035年相应的用水指标尚不明确，也无法校核本次微观研究范围城镇规模的合理性。

建议在环境承载力可行的前提下，提高引大入秦、西岔电力提灌工程等区域供水工程的供水能力，保障地区生态保护用水和农业及城镇发展的用水需求，并早日制定2035年分区供水指标，指导区域水资源配置。

（4）水资源承载力分析

考虑兰州新区未来节水型社会建设的推进以及用水结构的优化，2035年兰州新区生活、农业、工业和生态四大行业的用水占比分别为32%、18%、30%和20%。在不考虑南水北调西线工程兰州新区配套工程供水情况下，2035年兰州新区的总可供水量为6.80亿~7.80亿m³，水资源可承载的耕地面积为294.67~338.00 km²（表5-4），可承载的总人口规模为261万~321万人。其中，城镇人口为235万~289万人，农村人口为26万~32万人（表5-5），可承载的工业发展规模为887.4亿~1017.9亿元（表5-6），可承载的城镇建设用地面积为467.56~536.32 km²（表5-7）。

表5-4　兰州新区2035年水资源可承载的耕地规模

农业总可用水量/亿m³	可承载的耕地面积/km²
1.22~1.40	294.67~338.00

表5-5　兰州新区2035年水资源可承载的人口规模

生活总可用水量/亿m³	可承载的人口规模		
	总人口规模/万人	城镇人口规模/万人	农村人口规模/万人
2.18~2.50	261~321	235~289	26~32

表5-6　兰州新区2035年水资源可承载的工业规模

工业总可用水量/亿m³	可承载的工业规模/亿元
2.04~2.34	887.4~1017.9

表5-7　兰州新区2035年水资源可承载的城镇建设用地面积

总可用水量/亿m³	可承载的城镇建设用地面积/km²
6.80~7.80	467.56~536.32

三、灾害风险评估

风险识别是指在风险事故发生之前，人们运用各种方法系统地、连续地认识所面临的各种风险以及分析风险事故发生的潜在原因。

兰州新区灾害风险评估主要从自然灾害、事故灾难、公共卫生和社会安全事故四大类着手，选取灾害风险突出的气象水文灾害（干旱、冰雹、暴雨洪涝、高温、沙尘暴、大风、低温冻害、雪灾等），地震灾害，地质灾害（崩塌、滑坡、不稳定斜坡、泥石流及地面塌陷）和危险化学品事故进行风险评估与区划分析。

1.气象灾害综合风险评估

1）干旱灾害风险评估。从致灾因子危险性、孕灾环境敏感性、承灾体易损性三个方面进行综合分析，结果显示，秦川镇东部、西岔镇北部、黑石镇西部为干旱高风险区，什川镇部分地方为干旱低风险区（图5-12）。

2）冰雹灾害风险评估。从致灾因子危险性、孕灾环境敏感性、承灾体易损性三个方面进行综合分析，结果显示，全域均为冰雹低风险区（图5-13）。

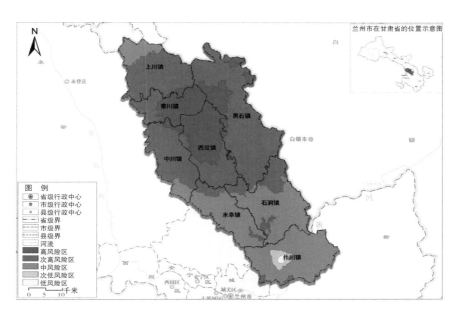

图 5-12 兰州新区干旱灾害风险等级区划示意图

注：该图基于甘肃省标准地图在线服务系统审图号为甘 S（2021）91 号的标准地图制作，底图无修改。

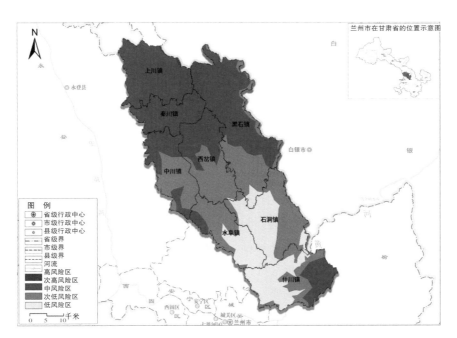

图 5-13 兰州新区冰雹灾害风险等级区划示意图

注：该图基于甘肃省标准地图在线服务系统审图号为甘 S（2021）91 号的标准地图制作，底图无修改。

3）暴雨洪涝灾害风险评估。从致灾因子危险性、孕灾环境敏感性、承灾体易损性、防灾减灾能力四个方面进行综合分析，结果显示，石洞镇西部、黑石镇南部、西岔镇东南部、水阜镇东北部为暴雨洪涝高险区，什川东南部为暴雨洪涝低风险区（图5-14）。

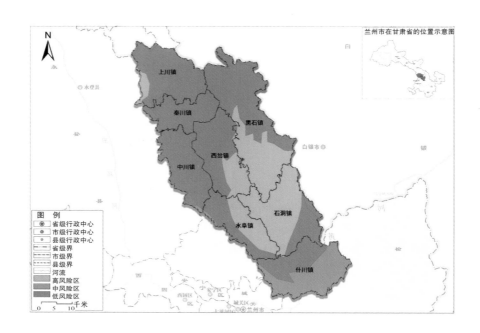

图5-14　兰州新区暴雨洪涝灾害风险等级区划示意图

注：该图基于甘肃省标准地图在线服务系统审图号为甘S（2021）91号的标准地图制作，底图无修改。

4）高温灾害风险评估。利用兰州新区观测站各乡镇区域气象站日最高温度资料统计高温日数，与海拔高程建立统计关系模型，结合DEM数据生成高温危险性等级分布。结果显示，兰州新区整体为高温低风险区，大多年份不会出现高温天气（图5-15）。

5）沙尘暴灾害风险评估。利用兰州新区及周边气象站历年的沙尘暴资料，结合下垫面孕灾环境得出沙尘暴危险性等级分布。结果显示，兰州新区沙尘暴灾害自东北向西南递减，黑石镇大部分地方以及西岔镇、秦川镇、上川镇东北部的沙尘暴危险性等级最高，什川镇东南部、水阜镇西南部、上川镇西北部的沙尘暴危险性等级最低（图5-16）。

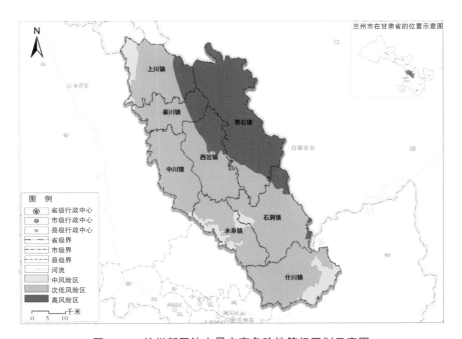

图5-15　兰州新区高温灾害危险性等级区划示意图

注：该图基于甘肃省标准地图在线服务系统审图号为甘S（2021）91号的标准地图制作，底图无修改。

图5-16　兰州新区沙尘暴灾害危险性等级区划示意图

注：该图基于甘肃省标准地图在线服务系统审图号为甘S（2021）91号的标准地图制作，底图无修改。

6）大风灾害风险评估。利用兰州新区气象站历年的大风频次资料，结合大风灾害记录得出兰州新区大风危险性等级分布。结果显示，全域黑石镇和上川镇东北部的大风危险性等级中等，依次向东南风险等级降低，什川镇、水阜镇、石洞镇一带大风危险性等级最低（图5-17）。

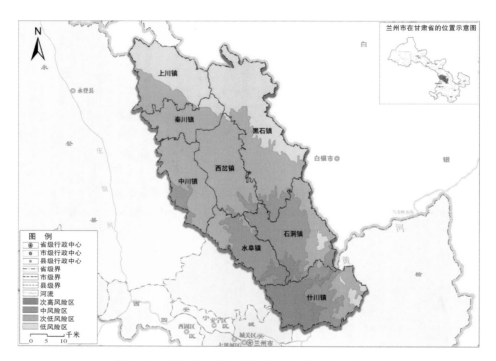

图5-17　兰州新区大风灾害危险性等级区划示意图

注：该图基于甘肃省标准地图在线服务系统审图号为甘S（2021）91号的标准地图制作，底图无修改。

7）低温冻害灾害风险评估。利用兰州新区气象站及各乡镇区域气象站日最低气温资料，统计日最低气温小于等于0℃的频次，与海拔高程建立统计关系模型，结合DEM数据生成低温冻害危险性等级分布。结果显示，兰州新区的低温冻害等级自西北、东南向河谷地带递减，海拔高的地区低温冻害严重，上川镇低温冻害危险性等级最高，什川镇低温冻害危险性等级最低（图5-18）。

8）雪灾风险评估。利用兰州新区及周边气象站历年的降雪日数、积雪日数、积雪深度资料，得出雪灾危险性等级分布。结果显示，兰州新区最北端的上川镇北部为雪灾重灾区，雪灾危险性等级最高，临近黄河谷地的水阜镇、石洞镇、什川镇一带雪灾危险性等级最低（图5-19）。

图5-18　兰州新区低温冻害灾害危险性等级区划示意图

注：该图基于甘肃省标准地图在线服务系统审图号为甘S（2021）91号的标准地图制作，底图无修改。

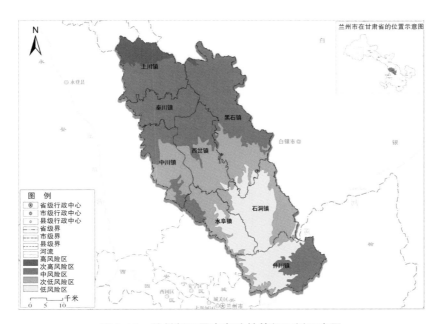

图5-19　兰州新区雪灾危险性等级区划示意图

注：该图基于甘肃省标准地图在线服务系统审图号为甘S（2021）91号的标准地图制作，底图无修改。

　　对各气象灾害给兰州新区造成的损失确定权值，然后，将各乡镇的风险指数叠加，再将综合风险指数进行排序，结果显示，兰州新区极小部分地区气象灾害综合风险最高，黑石镇、秦川镇、西岔镇、水阜镇、石洞镇、什川镇气象灾害综合风险最低。其中，中风险区面积为 0.2 km²，较低风险区面积为 1452.5 km²，低风险区面积为 1393.3 km²（图 5-20）。

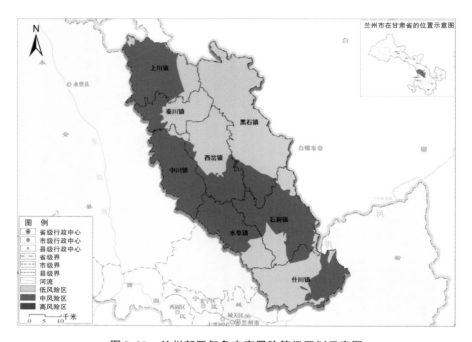

图 5-20　兰州新区气象灾害风险等级区划示意图

　　注：该图基于甘肃省标准地图在线服务系统审图号为甘 S（2021）91 号的标准地图制作，底图无修改。

2.地震灾害风险评估

　　1）活动断层距离危险性评估。以全新世活动断层①为基准，按距活动断层的距离将危险性划分为低、中、较高、高、极高 5 个等级（表 5-8）。

表 5-8　活动断层或地裂缝安全距离分级表

等级	稳定	次稳定	次不稳定	不稳定	极不稳定
距断裂距离	单侧 400 m 以外	单侧 200～400 m	单侧 100～200 m	单侧 30～100 m	单侧 30 m 以内
危险性等级	低	中	较高	高	极高

　　①全新世活动断层是指距今 1.17 万年以来有过地震活动，或近期正在活动，并在今后 100 年可能继续活动的断层。

2）地震动峰值加速度危险性评估。依据《中国地震动参数区划图》和《建筑抗震设计规范》，将地震动峰值加速度分为低、中、较高和高4个等级；同时，针对地震动峰值加速度为较高的区域，将活动断层危险性等级提高1级，地震动峰值加速度为高的区域，将活动断层危险性等级提高2级（表5-9）。

表5-9　地震动峰值加速度分级表

抗震设防烈度	6	7	8	9
地震动峰值加速度/g	0.05	0.10～0.15	0.20～0.30	0.40
危险性等级	低	中	较高	高

以活动断层危险性等级分布图为基础，结合地震动峰值加速度确定的兰州新区地震风险等级区划示意图如下（图5-21）。

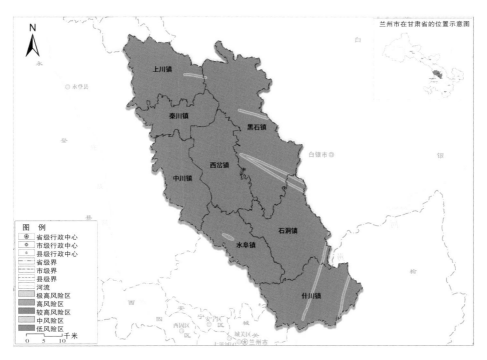

图5-21　兰州新区地震风险等级区划示意图

注：该图基于甘肃省标准地图在线服务系统审图号为甘S（2021）91号的标准地图制作，底图无修改。

3.地质灾害风险评估

兰州新区全域主要的地质灾害类型有崩塌、滑坡、不稳定斜坡、泥石流及地面塌陷五类。区内地质灾害分布非常广泛，同时受地质环境条件的影响，不同类型地质灾害的分布存在差异，分布极不均匀。在强降雨、不合理灌溉、人类工程活动的影响下，区内地质灾害均不同程度地表现出反复活动的特征，同时由于区内地质灾害多集中发育，在各种诱发因素的影响下，其多为突发且成片发生，呈现出典型的突发性及群发性特征。

兰州新区的地质灾害主要为潜在滑坡。根据地质灾害排查，截至2021年4月，全区无明确责任的地质灾害隐患点共有11处，全部为潜在滑坡，威胁人口200余人，威胁财产200多万元。区内发育的潜在滑坡（不稳定斜坡）11处，集中分布在兰州新区东部，兰州新区西南部中川镇的芦水井村，兰州新区东南部的西岔镇岘子村、漫湾村、陈家井村一带，其多因削坡建房等原因形成。

灾害风险评估是利用自然灾害风险的形成原理，综合考虑构成地质灾害风险的因子，选取指标体系，利用加权评价法，建立地质灾害风险指数模型。兰州新区地质灾害中风险区有1368 km²、较高风险区有58 km²、高风险区有0.02 km²（图5-22）。

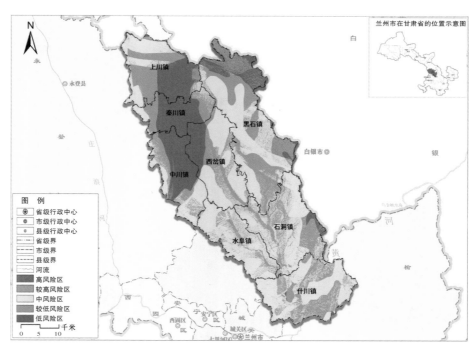

图5-22　兰州新区地质灾害风险等级区划示意图

注：该图基于甘肃省标准地图在线服务系统审图号为甘S（2021）91号的标准地图制作，底图无修改。

地质灾害危险性高、较高风险区主要分布地势起伏大，山高坡陡，岩性软弱，构造复杂，人类工程活动强烈，在地震、暴雨等诱发条件下极易引发地质灾害的地区。现状地质灾害主要为发育滑坡、崩塌和泥石流灾害。对地质灾害危险性高、较高风险区进行规划时，首选是维持现状，适宜生态建设，尽量避免工程建设。

现状条件下，地质灾害较低、低风险区域一般发育灾害类型为不稳定斜坡、黄土湿陷。考虑地质环境条件及地震、降雨和人类活动的影响，该地发生地质灾害的可能性依然较大，灾种以土质崩塌和滑坡为主，规模多为中、小型。这类地质灾害的防治有成熟的经验，防治难度小。但是，鉴于该区为丘陵地貌，相对高差较大，采用削山填沟造地、土地整理等方式对其进行开发利用，对生态的改变较大，同时投资也较大，故综合考虑适宜进行现代化农业生产和生态建设。需强调的是，该区为农业和生态建设规划区，一定要制定合理、科学的灌溉制度，避免因过度灌溉而引发地质灾害。

4.危险化学品事故风险区评估

风险评价是对事故发生的可能性以及事故后果的严重程度进行评价。危险化学品风险评价常用的方法有：工作危害分析（JHA）、安全检查表分析（SCL）、预危险性分析（PHA）、危险与可操作性分析（HAZOP）、失效模式与影响分析（FMEA）、事件树分析（ETA）、事故树分析（FTA）、作业条件危险性评价（LEC）等。本次主要选择JHA和SCL进行风险评价，同时选择JHA评价方法确定风险等级。

1）化工厂风险区划。兰州新区危险化学品企业较少，石油化工等企业分布地距离核心区较远。根据化工企业安全保障范围和化工厂风险评估方法，分别以60 m、120 m、180 m的安全范围进行风险等级划分，60 m以内为高风险区，60～120 m为中风险区，120～180 m为低风险区。综合分析，兰州新区全域基本上属低风险区，个别高风险区呈点状分布于秦川园区的绿色化工产业园。

2）加油站风险区划。兰州新区全域现状加油站15处，规划加油站11处，以加油站安全防护范围60 m内为高风险区，60～90 m为中风险区，90～120 m为低风险区。综合分析，兰州新区全域基本上属低风险区。

3）社会安全保障风险区划。兰州新区分布有1座飞机场、3座汽车站、1座火车站、2处人防工程。分别对飞机场、车站、人防工程做安全风险区划：飞机场以1000 m和1500 m为区划标准，1000 m以内为高风险区，1000～1500 m为低风险区；车站以40 m和80 m为区划标准，40 m以内为高风险区，40～80 m为低风险区；人防工程以30 m和60 m为区划标准，30 m以内为高风险区，30～60 m为低风险区。综合分析，兰州新区全域基本上属低风险区（图5-23）。

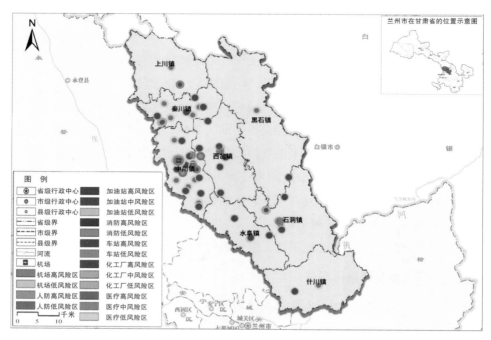

图 5-23　兰州新区社会安全保障风险等级区划示意图

注：该图基于甘肃省标准地图在线服务系统审图号为甘 S（2021）91 号的标准地图制作，底图无修改。

第二节　国土空间总体格局构建

一、优化生态安全格局，增强生态服务能力

1.生态本底分析

（1）生态资源现状

自然资源禀赋分析是各类空间规划的基础工作，是生态安全格局构建的前提，只有对区域内自然禀赋分析透彻，才能更加合理地构建生态安全格局。兰州新区地处秦王川盆地，境内地势开阔平坦，以坡度为 5°以下的平地为主，素有"秦川小平原"之称。盆地北部为低山，东西南三面为低缓的黄土丘陵，地势北高南低，相对高差 40～60 m，地貌单位上属强烈侵蚀性堆积的构造盆地（图 5-24）。

兰州新区的水系属于黄河流域。区内有碱沟、水阜河、龚巴川、黄河以及四条引大入秦干渠。全域耕地面积占全域土地总面积 17.8%，主要分布在秦王川盆地以及沟谷地

区。林地面积占全域土地总面积2.6%，主要分布在皋兰县城周边以及中川机场西南丘陵山区。草地面积占全域土地总面积64.8%，分布较广，在浅山缓坡地区均有分布，类型多为其他草地（图5-25）。

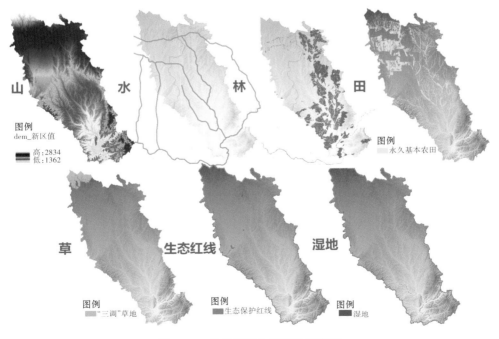

图5-24　兰州新区自然地理格局示意图

图5-25　兰州新区生态要素示意图

（2）自然保护地现状

秦王川国家湿地公园位于秦王川盆地南部，是盆地自然降水和引大入秦灌溉用水的主要汇水区，是经过长期水文过程逐渐形成的陇中黄土高原区罕见的内陆盐沼湿地。其与南方湿地形成过程、地质形态有着很大的差异，具有防洪抗旱、调节气候、净化水质、保护生物多样性等功能，总面积约 3.18 km²。

（3）生态重要性分析

从水土保持、水源涵养、生物多样性保护和生态系统服务功能重要性四个方面综合分析兰州新区生态保护重要性，识别生态系统服务功能重要性的区域分异规律，明确生态系统服务功能的重要区域，以便合理构筑生态安全格局。

（4）生态脆弱性评价

从水土流失和土地沙化两个方面分析兰州市的生态敏感性，识别兰州新区生态本底敏感的区域，明确生态敏感区域的相关管控措施与生态修复方式，以便合理构筑生态安全格局。由于气候与地理等因素，兰州新区土地沙化风险较小，全域无土地沙化极脆弱和脆弱区。

2.生态安全格局构建

综合考虑兰州新区山水林田湖草生态系统共通的自然属性，同时也考虑到人类活动对自然生态本底的改变与影响，在厘清山水林田湖草自然要素内在关系和生态过程的基础上，整合生态保护修复目标与生态保护红线划定途径，选取适宜的单因子/要素进行水平过程空间分析，得到单因子/要素生态安全格局，然后将其垂直叠加，获取综合生态安全格局。在此基础上，识别潜在的重要生态廊道，构建山水林田湖草区域生态网络。生态网络构建是保障生态过程、维护生态安全、提升生态系统服务的有效途径。生态网络为自然要素及生境斑块间生态过程的有效调控提供了重要的空间结构，构成了系统、完整的生态空间格局，实现了生态服务价值的提高和生物多样性的保护。

综上分析，兰州新区需锚固生态基底，积极调整生态用地结构，确保生态空间只增不减，优化水土过程，推动生态修复，提升全域生态服务能力，构建以"一带·一屏·五廊·多核"为主体的生态安全格局（图5-26）。

1）一带，即黄河生态功能带。开展生态保护和修复，保护黄河水体水质，恢复水生态系统；因地制宜划定滨河生态控制空间，明确分级分类管控策略和目标；合理布局生态岸线、景观岸线、生活岸线，建设滨河见绿、开敞有序的滨河公共空间系统。

2）一屏，即北部防风固沙屏障。落实甘肃省及兰州市的开发保护总体格局要求，以防风固沙为主要目的，建设防护林和生态屏障。

3）五廊，即依托现状两条引大入秦干渠、碱沟、水阜河、蔡家河打造五条生态廊道。加强生态修复和滨水空间的植被种植，充分发挥廊道的护蓝、增绿、通风作用。

4）多核。依托秦王川国家湿地公园、石门沟水库、山字墩水库、尖山庙水库、什川古梨园等，打造多个生态保护核心。

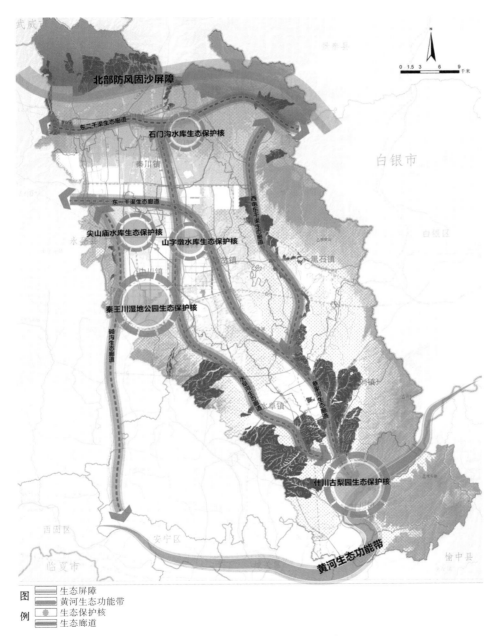

图5-26　兰州新区生态保护格局示意图

注：该图基于甘肃省标准地图在线服务系统审图号为甘S（2021）91号的标准地图制作，底图无修改。

3.生态空间保护措施

识别自然保护地等生态重要和生态敏感地区，构建重要生态屏障、廊道和网络，形成连续、完整、系统的生态保护格局和开敞空间网络体系，维护生态安全和生物多样性。兰州新区生态空间包含黄河、湿地公园、水库、水源地、河流、主要灌渠、造林绿化空间、综合治理区等空间。

1）建设重要生态廊道。结合自然资源要素分布，构建连通山水、串连城区、功能复合的生态廊道网络，其包括黄河生态廊道、重要干渠、河流廊道等。

2）加强饮用水水源地保护。加快推进石门沟水库集中式饮用水水源保护区划分调整工作，科学调整划分饮用水水源地保护区。在饮用水水源地规范化建设的基础上，持续推进水源地保护工作，将水源地一级保护区全部纳入生态保护红线，禁止新建、改建、扩建与供水设施和保护水源无关的建设项目，禁止从事网箱养殖、旅游、游泳、垂钓或者其他可能污染饮用水水体的活动。饮用水水源二级保护区内禁止新建、改建、扩建排放污染物的建设项目，从事网箱养殖、旅游等活动的，应当按照规定采取措施，防止污染饮用水水体，保障水源水质达标，确保饮用水环境安全。

3）加强生态保护和修复。在兰州新区北部，全面建设生态保护与林业建设示范区。坚持山水林田湖草系统治理的模式，按照兰州新区已探索的"种养循环"方式，利用荒山丘陵，依托引大入秦工程，通过封山育林、荒山造林、农田整治、设施养殖、水利配套等措施，在兰州新区北部形成一个可持续的区域生态屏障系统。兰州新区西部应进一步加强生态建设，南部应重点治理水土流失，东部则因地制宜、宜林则林、宜草则草，加强生态修复，中部应以生态提升为主。

二、加强土地综合整治，优化农业生产空间，坚守粮食底线

1.综合整治的可行性

1）自然地理条件适宜。兰州新区区域内陇丘相对高差较小，以干粒粉土质层为主，且多为未利用地，平整改造用地投入少、见效快。区域光照充足、昼夜温差大，适宜发展高品质特色农业、寒旱农业、中药材等，生态经济效益潜力较大。

2）水利设施配套完善。目前兰州新区范围内水利配套条件优越，水渠配套到位。供水覆盖兰州主城区、白银和兰州新区等地的引大入秦工程目前仅利用了1/3，供水空间和潜能充足。

3）有足够的人才支撑。中国科学院西北生态环境资源研究院、兰州大学、甘肃农业大学等一流科研机构和一批省级以上企业技术中心等科技平台，农业和

生态领域专家、技术人才集聚，为兰州新区科学实施生态修复提供了强有力的智力支撑。

4）生态改善作用显著。随着生态修复治理实践的逐渐成熟，兰州新区在土壤扰动、施工降尘、土壤改良、复耕复绿等方面探索出了一整套科学实用、成本可控的生态修复技术和规范操作流程。据中国科学院西北生态环境资源研究院测算，兰州—兰州新区—白银黄河中上游水土保持及生态修复示范区工程实施后，可减少区域年风蚀土地量260万t、年向黄河输入泥沙量30万t，生态系统服务价值增幅30%以上，空气湿度增大、降雨量增多、气候明显好转，能有效改善黄河兰州段生态环境，造福整个黄河流域。

5）土壤熟化已有成熟经验。兰州新区生土面积较大，普遍存在土壤pH值高、有机质低、土壤肥力差等现状问题。在城市园林绿化方面，种植难度大、成活率低、养护成本高等问题极为突出。所以，找到一种低成本快速改善土壤理化性状的方法，是破解西北生态修复领域难题的重中之重。在此背景下，甘肃省农科院土壤肥料与节水农业研究所联合兰州新区秦东环境工程公司等企业，主要利用城市有机废弃物，经多年研究，联合研制出新型动物源性生土熟化剂及园林营养土、培育基质等衍生产品。兰州新区加强了新增耕地后期培肥改良，综合采取工程、生物、农艺等措施，开展退化耕地综合治理、污染耕地阻控修复等，加速土壤熟化提质，实施测土配方施肥，强化土壤肥力保护，有效提高了耕地产能。

6）加强了土壤耕作层的保护。建立了一套涵盖耕作层土壤剥离、运输、存储、管理、交易、使用等全过程的工作机制，规范了占用耕地耕作层土壤剥离利用工作。剥离的土壤优先用于土地整治、高标准农田建设、工矿废弃地复垦、生态修复等项目，以及新开垦耕地、劣质地或者其他耕地的土壤改良等农业生产生活。富余土壤可以用于绿化。

2.优化农业空间

受地形、水资源、土壤等自然地理环境限制，兰州新区地块碎片化严重，破碎沟坝地、坡耕地多分布在低丘缓坡未利用地之间。兰州新区适宜作为耕地后备资源的土地十分有限。结合土地整理与生态修复行动，对破碎地块和宜耕后备资源进行综合整治，拓宽补充耕地渠道，提高耕地质量，优化耕地空间布局（图5-27）。

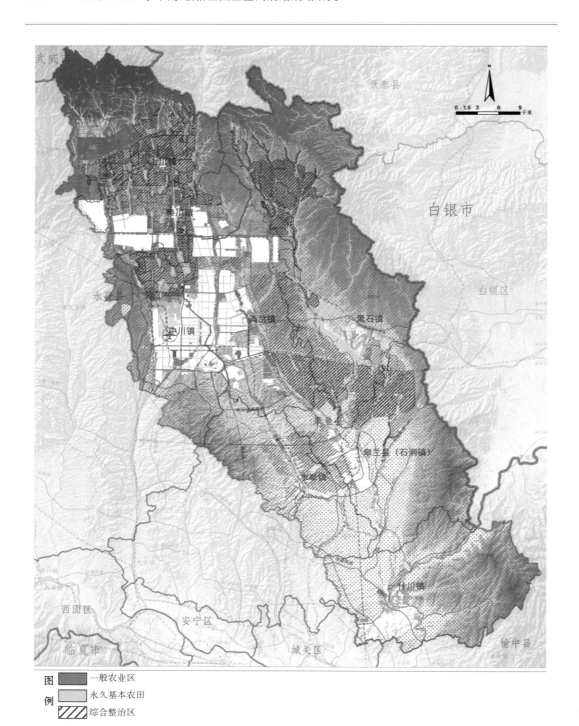

图5-27　兰州新区农业空间分布示意图

注：该图基于甘肃省标准地图在线服务系统审图号为甘S（2021）91号的标准地图制作，底图无修改。

结合未利用地开发与耕地分布、土壤地质，对兰州新区内枝状低等级耕地进行淘汰。通过碎片化耕地治理和高标准农田建设，补充耕地数量，加强农田水、电、路、林等基础设施建设，改进用水结构和用水模式，提高耕地质量。

未来重点探索适合兰州新区低丘缓坡土地"化零为整、提质增量"的农业空间保障思路，实现耕地"滚动式"提质的阶段性目标，同时进一步引导都市农业布局，提高就近粮食保障能力和蔬菜自给率。

三、优化城镇空间格局，推动城市高质量发展

加快形成中心强化、组团集聚的城乡体系，推动形成"核心区·水阜—石洞片区·特色城镇"三级网络化城镇体系。围绕新型城镇化、乡村振兴、产城融合，明确城镇体系的规模等级和空间结构（图5-28）。

1.提升核心区城市功能

以中川镇、秦川镇、西岔镇为重点，集聚完善以公共服务为核心的城市功能。大力推动产业布局与城市功能布局，打造差异化、分区协作的三大功能区。中川园区是规划核心区高品质生活的主要承载区域，应重点优化环境和提升品质，大力发展空港经济、临空经济，重点布局临空服务、航空物流、保税物流、文化旅游、科技金融、会展经济和行政商务等高端服务业。秦川园区是规划核心区高质量工业发展的区域，应提升产业发展质量和集聚水平，重点发展绿色化工、新材料、现代农业、公铁联运物流、分拨配送、金融仓储、有色金属新材料、新型建材等产业。西岔园区是规划核心区承载高科技产业发展的区域，应打造行政科研服务中心，重点发展职业技术教育产业、实训基地及相关配套产业、科教产业、现代农业、现代物流、高铁经济及应急救援等产业。

2.突出水阜—石洞片区主导功能

充分利用水阜—石洞片区连接兰州新区和兰州主城区的区位和交通优势，主动承载兰州主城区的功能疏解和人口转移，重点发展商务物流、生态康养等现代服务业。将水阜—石洞片区打造成兰州主城区功能拓展的主要承载地、兰州新区和主城区相向融合发展的重要空间载体。

水阜镇应加快土地整理及生态修复，推动生态修复与产业发展，积极培育特色小镇、美丽乡村、田园综合体、郊野公园，大力发展现代休闲农业和观光体验农业。建立健全兰州新区重要的快件物流节点和城市快速消费品配送中心功能，进一步提高兰州北部枢纽功能，增强商贸服务水平。加强其与忠和镇、九合镇、城关区的错位联动发展，推动城市功能互补整合。

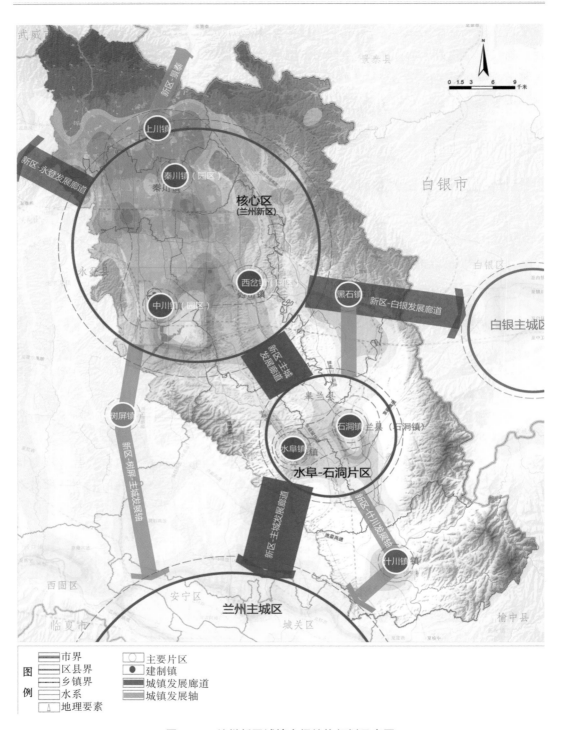

图5-28 兰州新区城镇空间结构规划示意图

注：该图基于甘肃省标准地图在线服务系统审图号为甘S（2021）91号的标准地图制作，底图无修改。

石洞镇应打造特色精品城镇，优化调整产业功能布局和人文服务环境，推动原有有色冶金、化工、传统建材、传统医药与食品等企业搬迁至秦川园区、中川园区等产业园区集中集聚集约发展。完善城镇基础设施体系，提升综合服务功能和品质形象，重点发展商贸服务、文化旅游、都市农业等产业。

3. 促进特色城镇协调发展

1）以黑石镇为主体，打造循环经济产业示范基地。发挥中朱铁路和中白高速节点优势以及黑石工业园区的龙头企业带动作用，将黑石镇打造成为循环经济产业示范基地和兰州新区功能拓展的延伸区。对现有传统冶金铸造、建材和碳化硅等相关产业进行转型升级改造，大力引进冶金铸造、新型建材等上下游的配套加工项目，进一步延伸、拓展产业链，提升循环经济产业规模和质量。重点布局国内一流的循环经济产业园，加快建设再生资源综合利用项目，完善园区周边的生活服务功能和相关商业配套，打造集餐饮、住宿、维修和运输于一体的服务带。依托西电东干渠和黑武分干渠水利灌溉的有利条件，黑石镇中北部重点发展高原夏菜等特色蔬菜种植和生猪、牛、羊等现代化生态养殖业。

2）以什川镇为主体，重点打造新型生态文化旅游区。以什川百年古梨园为核心，充分发挥自然风光、历史文化与综合区位优势，加快景区基础设施提升改造，推进什川运动休闲小镇、什川田园综合体、什川颐养中心等项目建设，大力发展休闲旅游、观光农业和设施高效农业。持续放大"生态古镇、梨韵水厂"旅游品牌效应，打造集养生养老、医疗保健、休闲度假等功能于一体的康养谷和生态文化休闲度假小城镇。

3）以上川镇为主体，重点打造生态防护绿色产业基地。上川镇北部区域应建设永久防护林和生态林，打造新区北部防护林带和绿色生态长廊。全镇合理布局风电、光伏等清洁能源产业，大力发展现代农业和生态林地，打造现代蔬菜种植、牛羊养殖、药材种植等产业，做好金、铜、锰、石灰石等矿产资源的保护利用。

四、构建国土空间开发保护总体格局

综合生态、农业与城镇格局，构建"北御风沙·中兴产城·南育生态"的总体开发保护格局（图5-29）。

北御风沙：上川北部区域以防风固沙为主要目的，应建设造林绿化空间和生态屏障。

中兴产城：以兰州新区规划核心区和水阜—石洞片区为依托，建设高品质城市空间，加强对外开放，加快都市农业和现代农业发展。

南育生态：什川等沿黄地区生态敏感性高，应加强生态建设，优化水土流失治理模式，保障黄河流域生态保护和高质量发展战略有效落实。

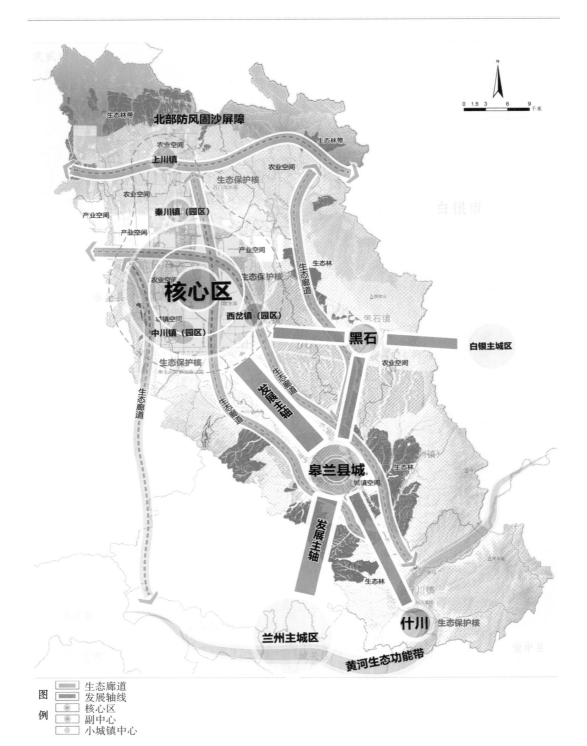

图5-29　兰州新区国土空间总体开发保护格局示意图

注：该图基于甘肃省标准地图在线服务系统审图号为甘S（2021）91号的标准地图制作，底图无修改。

第三节　区域协同共建

一、与兰西城市群

兰州新区要积极融入兰西城市群，改善发展条件，创新体制机制，努力实现区域空间共治、生态共筑、设施共建、服务共享以及产业共兴，提高自身建设发展水平，推动区域协同发展。

1.空间共治：融入城市群空间发展格局

加速融入"一带·双圈·多节点"兰西城市群空间格局，优化城市群空间结构，进一步增强自身综合承载能力，吸引人口、产业、要素集聚，打造兰西城市群新增长极。有效推动兰州新区与兰州市、西宁市两大中心城市以及兰州—白银、西宁—海东两大都市圈的联系。借助其在城市群合作共建中的极核作用，发挥自身服务能力强、发展空间大的比较优势，促进基础设施、生态环境、产业布局和公共服务等领域共建协同发展。持续优化兰州新区与周边小城镇协调发展格局，促进以兰州新区为核心的城镇轴带协同发展，完善城乡基础设施和公共服务设施网络体系，构建不同层次和类型、功能复合、安全韧性的城乡生活圈，形成规划、建设、交通、环保、设施等领域的一体化协作。

2.生态共筑：推进生态共建环境共治

以铸牢国家西部生态安全屏障为目标，严格落实国土空间规划和生态环境"三线一单"①分区管控原则，坚持山水林田湖草沙整体保护、系统修复、综合治理。强化兰州新区在区域内的生态屏障作用，促进城市群内群外生态联动，共同维护区域生态安全。有效发挥兰州新区在黄河流域生态保护和高质量发展、维护黄河上游生态安全、促进区域协调高质量发展中的作用，积极响应甘肃省打造"黄河上游生态建设引领区、生态修复治理示范区和全省绿色发展先行区"的目标要求。

实施重大生态保护与修复工程。推动兰州新区创建生态修复及水土流失综合治理示范区，开展生态修复及水土流失综合治理，依法依规做好低丘缓坡地区土地科学治理利用，加强生态建设和湿地恢复保护，打造秦王川绿色生态屏障。推进流域生态保护与治理。实施黄河流域综合治理，加强河湖水域岸线空间管控，保障水环境安全，深入推进河湖"清四乱"常态化、规范化，加快智慧河湖建设。实施城市群区域环境共治。健全环境监测监管体系，持续改善城市群地区空气质量。实施污染耕地安全利用、土壤污染

---

①三线一单：指生态保护红线、环境质量底线、资源利用上线和生态环境准入清单。

管控和固体废物处置工程，持续改善黄河流域土壤环境质量。

　　《兰州—西宁城市群发展规划》提出构筑区域生态安全格局。依托三江源、祁连山等生态安全屏障，强化城市群内群外生态联动，共同维护区域生态安全。加快构建由黄河上游生态保护带、湟水河、大通河、洮河和达坂山、拉脊山等生态廊道构成的生态安全格局（图5-30）。系统整治黄河流域，连通江河湖库水系，严格保护湟水、大通河、洮河及渭河源等河湖水域、岸线水生态空间。强化与周边青海湖、甘南高原等重要生态区保护建设的联动，严守生态功能保障基线。加强河湖、湿地、森林、草原、荒漠、山体等重要生态空间管制，引导区域绿色发展格局建设。实施重大生态保护与修复工程，坚持保护优先、自然恢复为主，推进重点区域和重要生态系统保护与修复。系统实施以环青海湖地区、青海东部干旱山区、共和盆地、环祁连山地区、沿黄河地区和环甘南高原地区为重点的"六大生态治理区"山水林田湖草生态保护和修复工程。全面提升山体、森林、河湖、湿地、草原、荒漠等自然生态系统的稳定性和生态服务功能，加强人为水土流失防治。

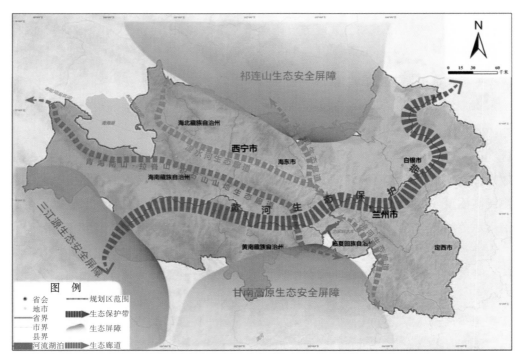

图5-30　兰西城市群生态安全格局示意图

3.设施共建：提升基础设施互联互通水平

坚持优化提升、适度超前的原则，切实提升区域内基础设施互联互通水平，统筹推进跨区域交通、能源等基础设施建设，形成互联互通、分工合作、管理协同的现代化基础设施体系，增强区域一体化的支撑保障能力。

畅通综合交通运输网络，共建铁路运输大通道，打通兰西城市群"主动脉"。增开兰州新区与其他地区列车车次，促进区域间交通运输畅通。提升一体化客运服务水平，推进兰州新区与兰州、西宁等城市间多种运输方式的联程联运和客票一体联程，加快城市间公共交通一卡互通。强化兰州中川国际机场航空枢纽功能，推动区域干支线机场功能互补、协调发展。加强医疗急救、应急救援、旅游观光、短途运输、航空护林等领域的区域通航合作，提升通航综合保障能力（图5-31）。

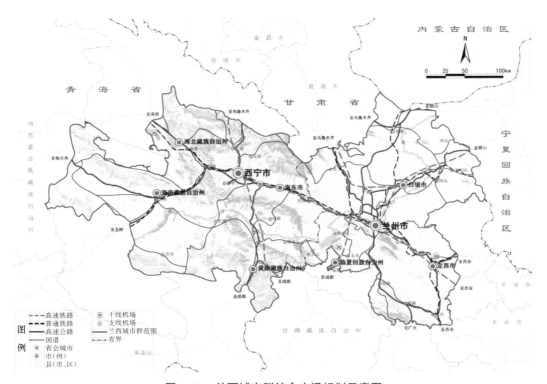

图5-31　兰西城市群综合交通规划示意图

注：该图基于审图号为GS（2016）1606号的标准地图制作，底图无修改。

推动能源资源合作共建。充分发挥兰州新区在新能源、装备制造等方面的优势，推动兰西城市群能源资源开发利用，与大型能源装备骨干企业开展合作，实现互利共赢，共同打造全国有影响力的新能源基地及新能源装备制造业基地。积极推广建设分布式光伏系统，建设清洁能源基地。全面提升新能源生产、储备、消纳能力，将兰州新区打造成为国家、省级重要的现代能源装备综合生产基地、新能源消纳基地、用能权交易基地、清洁能源示范区。

4.服务共享：强化公共服务共建共享能力

深化推进就业、教育、医疗等领域交流合作，创新远程服务、流动服务等公共服务提供方式，打造协同发展的公共服务共享机制，促进优质公共服务资源一体化发展。

建立区域教育领域交流工作机制，推进多种形式的联合办学，支持跨地区共建共享优质教育资源。加速促进兰州新区职教园区发展，打造技能培训示范区，实现中等职业教育、高等职业教育和职业培训协调发展。构建纵向贯通、横向融通、学历教育与培训并重的现代职业教育体系。支持区域内职业院校采取学校联盟、结对共建等方式实现联合办学。深化医药卫生体制改革，完善分级诊疗体系，规范发展城市医疗集团、县域紧密型医共体和社区医院，深化公立医院综合改革，完善现代医院管理制度，放宽社会办医规划限制和准入范围，完善医药服务价格形成机制。与青海省的医疗政策协调对接，实现就医、购药实时刷卡结算，建立转诊绿色通道，推动两地公共卫生信息平台的互联互通，建立健康档案共享机制。加快兰州新区区域级大型文体设施建设，促进文化类设施服务能力，提升区域影响力。

5.产业共兴：协同推进产业创新发展

发挥兰州新区产业转移承接大平台、综合交通运输大枢纽、西向南向开放大门户优势，重点发展高端装备制造、生物医药、新材料、新能源汽车、精细化工、大数据、现代农业、商贸物流、文化旅游及国际产能合作、生产加工贸易、服务外包等产业，以产业集聚带动人口集聚、人才集聚、资源集聚、要素集聚，打造支撑兰西城市群乃至甘青两省发展的重要产业基地和服务"一带一路"沿线国家和地区及中新南向通道的对外开放平台。以产业对接协作和优势资源互补为重点，推进产业领域的合作发展。

强化兰州新区产业集聚功能，建成西部特色高端产业集聚区。增强兰州新区对外开放门户枢纽功能，统筹兰州国际空港、兰州新区综合保税区、中川北站铁路口岸，打造辐射西部、中部地区的进口商品分拨中心平台。建设国家级重大基础科研平台和产学研合作平台，争创国家产教融合型城市。加快全域新型城镇化步伐，完善城市公共服务体系，加速人口集聚，使兰州新区成为全省各类移民搬迁安置的主要承载地、吸纳各类人口就业创业的主要集聚地。完善城市综合功能，提升城市治理现代化水平，建设品质生活之城、宜居宜业之城、魅力幸福之城。

增强兰州新区创新基础能力。发挥兰州新区国家级新区优势，加强创新能力建设，积极对接兰白科技创新改革试验区和兰白国家自主创新示范区建设。聚焦基础研究和产业应用战略需求，在生物资源开发、储能技术、生物医药等重点领域打造一批国家级创新平台，共同争取国家重大科技基础设施、前沿交叉研究平台等落户兰州新区。加强重点领域科技联合攻关。开展清洁能源技术领域科技联合攻关，合作攻克光热发电、光电转化率、储能电池等方面的核心技术，打造国家级太阳能发电实证基地和储能实证基地。

构建兰州新区现代化产业体系。促进兰州新区制造业高质量发展，提升冶金全产业链竞争力，提高先进钢材生产水平，鼓励发展高端装备、特种钢材、核电材料等，提升铝、铜、铅、锌等有色金属采选冶炼技术工艺水平，高水平建设有色金属精深加工集聚区。发挥"交响丝路、如意甘肃"等文旅品牌影响力，提升兰州新区文旅产业综合承载力，推动文旅产业融合发展。

二、与兰白都市圈

兰州新区应积极主动与都市圈内其他城市建立对话机制，与兰州主城区、白银市、定西市、临夏州沟通协调交通建设、产业发展等相关事宜，强化合作，互补发展，共建兰白都市圈。重视沟通渠道和联系纽带的建设，实现从地域空间连接到城镇功能的紧密联系。

1.优化空间布局：共建"一核"，明确定位与布局

兰州新区作为兰白都市圈"一核牵引·两极并进·四带联动"发展新格局的重要组成部分，要明确自身定位，围绕西北地区重要的经济增长极、国家重要的产业基地、向西开放的重要战略平台和承接产业转移示范区的定位，立足"经济新区、产业新区、制造新区、创新新区"，加速聚要素、增量级、提质量、强功能，构建现代化经济体系。进一步激发兰州新区的发展活力，加快其与中心城区的同城化发展，打造西北地区产业发展集聚区、集成改革先行区、创新驱动引领区、生态治理示范区、对外开放新高地、城市建设新标杆，将其建设成为现代化国家级新区。

《"十四五"兰州经济圈发展规划》提出，强化兰州集聚功能，壮大白银、定西、临夏支撑能力，提升兰州—白银、兰州—定西、兰州—临夏、兰州—西宁经济带发展能力，增强市县支撑功能，推动形成"一核牵引·两极并进·四带联动"的经济圈发展新格局。"一核"是指包括兰州中心城区、兰州新区、榆中生态创新城和白银中心城区在内的经济圈主区域。"两极"是指定西市和临夏州，其为兰州经济圈主区域的增长极区域。"四带"是指兰州—白银、兰州—定西、兰州—临夏、兰州—西宁四大经济带。

2021年，甘肃省政府办公厅印发《甘肃省新型城镇化规划（2021—2035年）》，规

划提出，以兰州市城区和白银市城区为中心，定西市、临夏州为腹地，打造一小时通勤经济圈，促进都市圈一体化发展。推动符合条件的地方撤县设市（区），不断优化行政区划设置。改造和新建快速城际交通干线，促进人员、物资高效流通。发挥兰白国家自主创新示范区先导作用，集中创新研发，建设国家先进制造业基地，发展战略性新兴产业。通过产业聚集提高人口吸纳能力，实现工业化和城镇化良性互动。

2.推进环境保护一体化：筑牢黄河流域生态安全屏障

以建设国家生态文明先行示范区为主线，加快推进生态文明制度创新，打造西部绿色发展崛起示范区。加大草原、森林、湿地等生态系统保护和修复力度，增强水源涵养及生物多样性保护能力。实施流域综合治理、水土保持及地质灾害防治，构建黄土高原生态屏障。加大水资源保护、防护林带建设和大气污染治理力度，建设沿黄河生态走廊和城市生态屏障。

全面落实黄河流域生态保护和高质量发展战略，科学优化国土空间保护格局，统筹推进未利用地开发利用和山水林田湖草沙系统治理。积极探索黄土低丘沟壑生态脆弱区生态修复模式，统筹解决干旱、风沙、盐碱、水土流失等生态敏感问题，构建黄河中上游黄土高原地区生态治理、绿色发展新路径。建设兰白都市圈内黄河中上游生态修复及水土流失综合治理示范区，打造陇中河套平原，形成黄河上游生态保护与高质量发展的先行示范区。

建立区域资源环境生态监测体系，整合区域监测信息资源，建立统一规范的资源环境生态监测网络和信息平台。建立兰白都市圈一体化的大气环境监测预警网络及水土流失防治联动协作机制，依托现有的省河（湖）长办，建立健全黄河流域综合管理协调机制，对流域开发与保护实行统一规划、调度和监管。提升区域资源环境预警能力，建立黄河流域水质月度监测评估、季度预警通报、年度责任考核机制，确保黄河流域排污总量逐步下降，黄河水质逐年改善。建立健全多部门环境质量联合会商机制，完善应急预案，预警分级标准和响应机制，及时妥善处置污染事件。

3.推进设施建设一体化：提升区域内基础设施贯通性

统筹提升区域内基础设施的连通性和贯通性，着力强化综合保障能力。统一规划建设都市圈内路、水、电、气、邮、信息等基础设施，加强兰州新区与都市圈内其他城市的市域和城际铁路、道路交通、毗邻地区公交线路对接，构建布局合理、功能完善、协调联动、安全高效的一体化基础设施网络。

以兰州市主城区、兰州新区、白银市城区为重点，依托包兰铁路、兰白高速等现有交通轴线，积极推进中兰客专和沿黄快速通道建设。打通中心城市与节点城市、节点城市之间高效便捷的交通网络，逐步实现兰州市主城区、兰州新区及白银市城区三地之间一小时内通达、各县区到本市主城区一小时内通达，提高城际互联水平。

加快完善交通运输体系。围绕兰州"一心两翼"全域空间总体格局和重要功能布局，加快建设快进快出、南北畅通的交通网络。提高兰州市的城市首位度，强化兰州新区重要交通枢纽地位，打造以兰州市为中心、辐射周边市县、高效衔接、内畅外通的环兰公路网。依托交通引导资源要素集聚，推动兰州至白银、定西、临夏一小时通勤经济圈建设。

打造连接便捷的航空网络。重点推进兰州中川国际机场三期扩建工程，加快推进临夏、定西机场前期建设工作，积极扩展榆中夏官营机场加载通航功能，加快拓展兰州中川机场国际、国内航线网络，巩固兰州中川国际机场西北重要的航空枢纽、欧亚航路机场、航空公司基地机场地位。

推进新型基础设施建设。加强新技术基础设施和算力基础设施建设，争取在兰州新区建设国家超算中心、区域智能计算中心、全国一体化大数据中心国家枢纽节点。积极争取设立兰州国际通信业务出入口局。加快推进兰州、白银、定西、临夏等智慧城市大数据与云平台建设，深化市县数字城市地理空间框架建设与应用。加强综合能源基地建设，建设能源融合创新示范区。按照"2030年前碳达峰、2060年前碳中和"要求，促进兰州经济圈能源结构调整，优化能源布局，加快建设能源融合创新示范区。立足兰州经济圈能源消费中心的基础地位，充分发挥能源科研创新研发优势，加强能源产业融合创新发展。加快打造白银复合型能源基地，大力发展分散式风电、分布式光伏发电，形成分布式与集中式相结合、相融合的新能源发展格局。

4.推进公共服务一体化：提升区域公共服务均衡普惠

以公共服务均衡普惠、整体提升为导向，积极推进公共服务一体化，实现都市圈内教育、医疗、文化等优质服务资源一卡通共享，扩大公共服务辐射半径，打造优质生活空间。

推进基本公共服务共建共享。以基本公共服务一体化为目标，共建公共服务设施，共推公共服务"一卡通"，共享便利化公共服务。加快推进区域内基础教育、基本医疗服务和公共卫生、基本住房保障、基本养老保险、基本公共文化服务等领域一体化进程。缩小区域城乡基本公共服务差距，通过共商共建、合理分担建设成本，合理配置区域、城乡基本公共服务资源，均衡优质资源布局，把区域、城乡基本公共服务差距控制在合理范围内，不断缩小基本公共服务水平差距。

共建文化体育设施。构建覆盖城乡、不同区域、不同群体的公共文化服务体系和全民健身公共服务体系，提升城乡居民文明素质和身体素质。建立健全文化交流合作长效机制，统筹优化公共文化服务设施布局，实现公共文化服务网络化、层次化、差异化发展，推动实现文化资源共建共享。整合文化资源，挖掘黄河、民俗、文娱、演艺、创意等要素，打造都市圈文化产业集聚发展区。

共建医疗健康经济圈。建立健全城乡合作、区域协同发展机制，探索建立共享、优质、高效、便捷的医疗卫生服务体系。鼓励都市圈内外医疗机构开展深度合作，吸引知名医疗机构在都市圈设立医疗分支机构。布局建设区域医疗中心、省级公共卫生救治基地。加强医疗卫生人才联合培养、异地交流，在都市圈内统一实行医师执业区域注册和多机构备案管理制度，推进医疗人才自由流动。推动基本医疗卫生服务从"以治病为中心"向"以人民健康为中心"转变，不断完善覆盖城乡、不同区域、不同群体的公共卫生服务体系，持续提升医疗健康服务能力。

5.推进产业发展一体化：立足优势优化产业布局

立足兰州新区优势产业集群，加快融入兰白都市圈产业总体布局，加强区域产业一体规划、一体推进，逐步形成竞争力强的区域产业集群。以绿色高效、清洁低碳为目标，加快推进产业改造升级，培育壮大绿色新兴产业，促进优势产业集聚发展、循环发展，支撑兰州都市圈探索出一条相互支撑、共同发展的产业集群新路子。

促进优势工业发展。通过数字技术改造，延伸石油化工、有色冶金产业链，支持高端产品生产，提高产品附加值和市场竞争力。立足空间优势承接产业转移，加大装备制造业技术创新和新产品开发，提高关键零部件制造和装备整机智能化水平。积极发展农产品深加工和民族特需用品生产，加快建设高原绿色有机食品生产基地。

发展壮大新兴支柱产业集群。立足原材料产业基础，加快新型功能、高端结构等新材料发展，打造国家重要的新材料产业基地，培育锂电池、铜箔等一批产业集群，生产工程塑料、合成新材料、新型精细化工等高技术、高附加值产品，着力推进碳纤维、碲化镉玻璃、凹凸棒等新兴产业发展。突出核技术资源禀赋优势，打造核产业集群。促进信息技术、航空航天等科技成果转化，构建高效益配套产业体系。

着力打造数字产业集群。充分运用互联网、大数据、人工智能等现代信息技术，推进制造业数字化转型，增强制造业竞争优势。借助"云"发展，加快建设兰州新区大数据信息港，打造西北地区最具规模的互联网数据中心，推动数字技术赋能传统产业，促进数字智能产业集群化发展。

三、 与兰州主城区

坚持协调发展理念，形成兰州新区与兰州主城区在规划、产业、基础设施、公共服务、生态环保等方面一体化联动发展的新格局。推动兰州新区"东拓南下西连北接"，促进其与主城区相向融合联动发展。按照国家赋予兰州新区的功能定位，兰州新区应与榆中生态创新城、兰州高新区、经开区实现错位发展、互补发展，有序推进主城区非省会城市业态向兰州新区疏解。持续推动主城区工业企业出城入园，争取部分省市级事业单位向兰州新区搬迁。

加强设施一体同城化建设。推进基础设施和公共服务设施共建共享，做好城市轨道交通、中川机场环线铁路、公路交通网等重大交通项目建设的有机衔接，构建连接主城区的同城化交通体系，打造兰州新区与主城区"半小时交通圈"。

第四节　"三区三线"①底线核心管控

一、耕地和永久基本农田

1.划定原则

1）坚持从严保护。坚守十分珍惜、合理利用土地和切实保护耕地的基本国策，牢固树立山水林田湖草是一个生命共同体理念，强化永久基本农田特殊保护意识，将永久基本农田作为国土空间规划的核心要素摆在突出位置，强化永久基本农田对各类建设布局的约束，严格控制非农建设占用，保护利用好永久基本农田。

2）坚持底线思维。坚守土地公有制性质不改变、耕地红线不突破、粮食生产能力不降低、农民利益不受损四条底线，永久基本农田一经划定要纳入国土空间规划，任何单位和个人不得擅自占用或改变用途，充分尊重农民自主经营意愿和保护农民土地承包经营权，鼓励农民发展粮食和重要农产品生产。

3）坚持问题导向。凡是存在划定不实、补划不足、非法占用、查处不力等问题的，查明情况、分析原因，提出分类处置措施，落实整改、严肃问责，确保永久基本农田数量不减、质量提升、布局稳定。

4）坚持因地制宜。立足兰州新区地形地貌情况，针对现状基本农田质量低、耕作条件差、大面积撂荒、产量低的实际问题，结合生态建设和水土流失综合治理，适度进行未利用地综合整治，探索未利用地"一治三理"的土地开发模式，将未利用地转化为农用地和生态用地，在提高兰州新区生态环境质量的前提下，有效改善耕作条件，提高耕作质量和生产能力。

5）坚持权责一致。充分发挥市场配置资源的决定性因素，更好发挥政府作用，完

---

① "三区三线"：三区是指城镇空间、农业空间、生态空间三种类型的国土空间；三线分别对应在城镇空间、农业空间、生态空间划定的城镇开发边界、永久基本农田、生态保护红线三条控制线。

善监督考核制度，地方各级政府主要负责人要承担起耕地保护第一责任人的责任，健全管控、建设和激励多措并举的保护机制。

2. 划定方案

在综合分析地形地貌、土壤地质以及基本农田现状分布情况的基础上，对兰州新区内沟岔枝状低等级耕地进行淘汰，重点探索适合兰州新区低丘缓坡土地的基本农田整治思路。在尊重地理格局和自然沟道系统的前提下，统筹结合水土流失治理模式创新与农林业发展，通过未利用地整治与高标准农田建设，实现水土流失治理，耕地化零为整、提质增量。设立基本农田保护的时空转换目标，实事求是，更好保障粮食安全。分析识别未来开展综合整治的区域，经工程评估实施后调整为耕地，验收后再补划为基本农田。考虑生态建设及农业生产基础设施建设的需要，预估未利用地整治率约为80%～90%，剩余10%～20%的空间作为生态空间和设施配套建设用地。随着土地整治的大力推进，可将整治后的耕地经评估验收后补划为基本农田。

将经综合治理后开发出来的优质耕地按程序纳入基本农田管理库，至2035年，可将全域低等级基本农田置换为高质量基本农田，并就其重点实施高标准农田建设，形成集中连片、设施配套、高产稳产、生态良好、抗灾能力强，与现代农业生产和经营方式相适应的基本农田。规划核心区外围主要采用土地开发整理模式，通过工程、生物或综合措施，将未利用地与水土流失治理、生态建设与农用地开发结合起来，实现基本农田时空转换，促进生态、经济和社会效益的统一。

3. 管控规则

严格落实永久基本农田特殊保护制度。耕地和永久基本农田依法划定后，未经批准不得擅自占用或改变用途。严格落实耕地用途管制，落实耕地占补平衡和进出平衡。

永久基本农田不得转为林地、草地、园地等其他农用地及农业设施建设用地。严禁占用永久基本农田发展林果业和挖塘养鱼；严禁占用永久基本农田种植苗木、草皮等用于绿化装饰以及其他破坏耕作层的植物；严禁占用永久基本农田挖湖造景、建设绿化带；严禁占用永久基本农田建设畜禽养殖设施、水产养殖设施和破坏耕作层的种植业设施。禁止闲置、荒芜、破坏永久基本农田行为。

一般建设项目不得占用永久基本农田；重大建设项目选址确实难以避让永久基本农田的，在可行性研究阶段，由省级自然资源主管部门负责组织对占用的必要性、合理性和补划方案的可行性进行严格论证，报自然资源部用地预审；农用地转用和土地征收依法报批。严禁通过擅自调整县乡土地利用总体规划，规避占用永久基本农田的审批。重大建设项目占用永久基本农田的，按照"数量不减、质量不降、布局稳定"的要求进行补划，并按照法定程序修改相应的土地利用总体规划。补划的永久基本农田必须是坡度小于25°的耕地，原则上与现有永久基本农田集中连片。占用城市周边永久基本农田的，原则上在城市周边范围内补划，经实地踏勘论证确实难以在城市周边补划的，按照空间由近及远、质量由高到低的要求进行补划。重大建设项目用地预审和审查要严格把关，切实落实最严格的节约集约用地制度，尽量不占或少占永久基本农田；重大建设项目在用地预审时不占永久基本农田，用地审批时占用的，按有关要求报自然资源部用地预审。线性重大建设项目占用永久基本农田用地预审通过后，选址发生局部调整、占用永久基本农田规模和区位发生变化的，由省级自然资源主管部门论证审核后完善补划方案，在用地审查报批时详细说明调整和补划情况。非线性重大建设项目占用永久基本农田用地预审通过后，所占规模和区位原则上不予调整。

二、生态保护红线

1.划定原则

1）衔接自然保护地。根据《关于在国土空间规划中统筹划定落实三条控制线的指导意见》的相关要求，评估调整后的自然保护地应划入生态保护红线，自然保护地发生调整的，生态保护红线相应调整。结合兰州市最新的自然保护地优化调整成果，在充分考虑人为活动的基础上，完善生态保护红线内容，将优化调整后的秦王川国家湿地公园纳入生态保护红线。

2）对接双评价成果。根据自然资源部的相关要求，省级双评价的极重要区要纳入生态保护红线。在自然资源、生态环境调查评估及有关部门的专项成果，以及资源环境承载力和国土空间开发适宜性评价的基础上，识别生态功能极重要区域、生态极脆弱区域，以及其他经评估目前虽然不能确定但具有潜在重要生态价值的区域，处理空间矛盾冲突后，划入生态保护红线，做到应划尽划、应保尽保。

3）保障生态安全。兰州新区北部为国家重要的防风固沙带，南部为兰州市区内重要的生态服务空间。兰州新区需构建区域生态安全防护格局，坚守生态保护底线，落实生态红线管控边界。

2.划定范围

兰州新区全域生态保护红线包括秦王川国家湿地公园、石门沟水库，皋兰自来水水库水源地一级保护区。

3.管控规则

依法强化生态保护红线内用途管制，严禁任意改变用途，确保生态功能不降低、面积不减少、性质不改变。自然保护地核心保护区内原则上禁止人为活动，生态保护红线内自然保护地核心保护区外，禁止开发性、生产性建设活动，在符合法律法规的前提下，仅允许对生态功能不造成破坏的有限人为活动。生态保护红线内自然保护区、风景名胜区、饮用水水源保护区等区域，依照相关法律法规执行。法律法规允许的有限人为活动之外，确需占用生态保护红线的国家重大项目，按照规定办理用地审批。占用生态保护红线的国家重大项目，应严格落实生态环境分区管控要求，依法开展环境影响评价。

生态红线设定动态性跟踪评估机制：一是衔接自然保护地优化成果，自然保护地发生调整的，生态保护红线相应调整；二是衔接公益林落界、天然商品林落界等可能调整的范围，相应调整生态保护红线范围；三是生态保护红线管控规则待国家细化确定后，相应调整生态保护红线范围；四是国家自然资源保护相关政策发生调整时，相应调整生态保护红线范围。根据兰州新区实际情况，已纳入生态保护红线的自然公园、饮用水水源地保护区等各类禁止开发区域边界范围发生调整的，生态保护红线相应调整。省级自然资源主管部门依据批准文件，更新国土空间规划"一张图"数据后，报自然资源部备案。

三、城镇开发边界

1.划定原则

城镇开发边界是在一定时期内因城镇发展需要，可以集中进行城镇开发建设，重点完善城镇功能、提升空间品质的区域边界，涉及城市、建制镇以及各类开发区等。城镇开发边界划定以主体功能区划为依据，优先保障城市化发展区内重点地区的用地需求。城镇开发边界划定主要遵循以下划定原则：

1）体现城镇空间布局形态要求，兼顾远近，留足空间。城镇开发边界形态应体现优化城镇空间布局形态的要求，以规划期的用地规模、用地布局总图、空间增长边界为基础，兼顾近期建设与长远发展，做好生态廊道、绿化隔离等绿色开敞空间的规划预留。城镇开发边界的划定应充分考虑周边的自然基地和山水关系，在区域内构建多条绿色廊道和组团之间的绿化隔离，合理框定城市规模，为城市未来的发展留足空间。

2）优先保护耕地资源，科学避让法定红线。城镇开发边界形态应在科学论证城市远景空间结构、规模和资源环境限制的基础上，优先保护各类重要的耕地资源，科学避让永久基本农田、生态保护红线。

3）科学预测城镇空间规律，满足适宜性评价要求。城镇开发边界形态应结合城市发展方向、形态、功能布局和弹性空间布局进行划定，并符合建设用地适宜性评价要求。

4）避免跨越各类主要自然、人为界限。城镇开发边界形态应避免开发边界跨越大型基础设施廊道、河流、沟谷、台塬、文物保护单位（地上+地下）等具有明确保护要求的空间要素和避免自然灾害影响范围等。

5）尽量以法定界限为边界，以便于边界管理。城镇开发边界边线应尽量采用行政边界、基本农田、生态红线、公益林等法定界限为边界，边界清晰可辨，便于管理。

2.管控规则

强化城镇开发边界对开发建设行为的刚性约束作用，实行建设用地总量与强度双控，框定总量，限定容量，防止城镇盲目扩张和无序蔓延。未经依法批准，不得在城镇开发边界外设立各类开发区和城镇新区。城镇开发边界内各类建设活动严格实行用途管制，按照规划用途依法办理有关手续，并加强与水体保护线、绿地系统线、基础设施建设控制线、历史文化保护线等协同管控。城镇建设和发展应避让地质灾害风险区、蓄泄洪区等不适宜建设区域，不得违法违规侵占河道、湖面、滩区。集中建设区重点保障生产生活生态和安全空间需求，弹性发展区重点应对城镇发展的不确定性，有条件的城镇加强特别用途区管控。城镇开发边界内集中连片分布的永久基本农田和生态保护红线，可以"开天窗"方式保留。

在城镇开发边界内实施战略留白，为长远发展预留战略空间。充分发挥农业、生态等资源的景观价值和文化价值，引导城镇空间合理布局。

严格控制城镇开发边界外开发强度。城镇开发边界外不得进行城镇集中建设，不得设立各类开发区，严格控制政府投资的城镇基础设施资金投入，允许交通、基础设施及其他线性工程，军事及安全保密、宗教、殡葬、综合防灾减灾、战略储备等特殊建设项目，郊野公园、风景游览设施的配套服务设施，直接为乡村振兴战略服务的建设项目，以及其他必要的服务设施和城镇民生保障项目。城镇开发边界外独立选址的项目，应符合有关国土空间规划和用途管制要求。

加强建设安全管制。在市域存在安全风险隐患的区域内进行各类工程建设之前，必须开展地质灾害等相关安全风险评估，只有在确保建设安全或者进行的工程治理可满足安全要求的前提下，经相关部门评估同意后，方能发放建设用地规划许可和建设工程规划许可，并按照"三同时"①的原则落实地质灾害等相关安全防治措施；对于存在安全隐患的各类现状保留建设，应尽快组织相关部门进行安全评估及相应处治。

---

① "三同时"即建设项目安全设施必须与主体工程同时设计、同时施工、同时投入生产和使用。

第五节　国土空间规划分区指引

一、规划分区指引

1.分区原则

规划分区应落实上位国土空间规划要求，为本行政区域国土空间的保护与利用做出综合部署和总体安排，应充分考虑人口分布、经济布局、国土利用、生态环境保护等因素。各类规划分区均在全域资源环境承载能力、国土空间开发适宜性评价结果和主体功能定位的基础上进行划定。

规划分区应坚持城乡统筹、地上地下空间统筹的原则，以国土空间的保护与保留、开发与利用两大功能属性作为规划分区的基本取向。明确主要功能导向，将规划管制意图相同的关键资源要素划入同一分区，同时应明确各分区对应的主要国土用途类型，以及用途管制制度准入的国土用途。

规划分区划定应科学、简明、可操作，遵循全域全覆盖、不交叉、不重叠，并应符合下列基本规定：

①以主体功能定位为基础，体现规划意图，配套管控要求。

②出现多重使用功能时，应突出主导功能，选择更有利于实现规划意图的规划分区类型。

③如存在矿产资源、文化保护地、自然保护地、国家重大基础设施等未列出的特殊政策管制区，可在规划分区基础上依据国家相关法律法规及专项规划要求划定相应分区和边界，并明确空间管制要求。叠加历史文化保护、灾害风险防控等管控区域，形成复合控制区。

当分区划分出现可叠加或交叉的情况时，应依据管制规定从严选择规划分区的类型，或应突出国土空间的保护、开发、利用、修复的主导功能，在确保不损害保护资源的前提下选择更有利于实现规划意图的分区类型。

2.基本依据与思路

以《市级国土空间总体规划编制指南》为基本依据，充分考虑以乡镇为单元细化的主体功能分区，严格落实"三线"成果与耕地红线，与全市规划造林绿化成果衔接，以未利用地生态治理和土地整理等综合治理为导向，增加二级区"综合整治区"（生态治理和土地整理区），实现生态空间服务能力提升，综合水土流失治理，农用地提质增量、化零为整等多重目的。

根据市情，删除海洋发展区一级分区，筛选乡村发展区二级分区，删除牧业发展区，增加综合整治区、未利用地区和区域设施区作为预留的弹性治理区域，共建立村庄建设区、一般农业区、林业发展区、综合整治区、未利用地区、区域设施区六个一级规划分区。

3.划分步骤

在规划分区的划分方法上，依据优先级原则和兼容性原则，结合"双评价"结果、主体功能分区、"三区三线"、规划造林绿化空间调查评估成果、规划村庄分类、第四轮矿产规划成果等，根据各分区内涵确定优先级，选择图斑型分区与主导功能型分区表达兰州市国土空间规划分区（图5-32）。

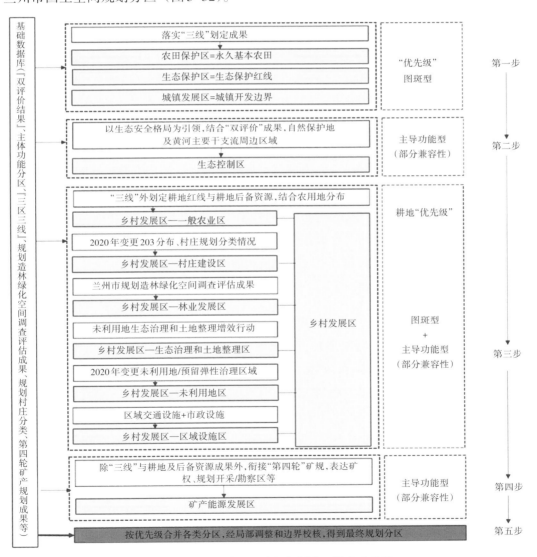

图5-32　兰州市国土空间规划分区技术路线图

第一步，优先落实"三线"划定成果，建立农田保护区、生态保护区与城镇发展区，其属于图斑型规划分区。

第二步，以生态安全格局为引领，结合"双评价"成果尤其是生态重要性评价成果，以主体功能确定为重点生态功能区的乡镇为主，优先根据生态保护区分布与生态重要性评价成果，将自然保护地及黄河支流、河洪道及周边区域划为生态控制区。

第三步，"三线"外针对耕地红线与耕地后备资源，充分衔接其功能区划，优先结合其耕地和农用地分布，划定一般农业区（图斑型）；根据2020年国土变更调查结果与全域村庄规划分类，确定村庄建设区（图斑型）；衔接规划造林绿化成果，保障万亩储备林计划，划定林业发展区（图斑型）；以《生态建设行动方案》未利用地生态治理与土地整理增效行动和支撑项目为依托，增划综合整治区（功能主导型）；增划未利用地区作为预留的弹性治理区域（图斑型）；将开发边界外的交通运输用地、公用设施用地等区域基础设施用地划入区域设施区；进一步校核边界和用途类型，形成乡村发展区。

第四步，衔接兰州新区第四轮矿产规划，整合采矿权、探矿权、矿产集中开采区、开采规划区块、重点开采区、勘察规划区块，以与"三线"、耕地红线与耕地后备资源不重叠为原则，将其与已确定的乡村发展区叠加分析，允许矿产资源规划区块与乡村发展区兼容，形成矿产能源发展区。

第五步，规划分区合并校核。各分区的外围边界可能与实际的用地边界不完全吻合，需进一步校核。将各规划分区叠加分析，重新审视其优先级与兼容性，根据市情需要，做局部的分区调整，最终得到适合兰州新区的国土空间规划分区方案。

4.规划分区与管控方案

规划分区主要施行分区准入、约束指标+分区准入、详细规划+划定许可的管制方式。因国家重大战略调整、国家重大项目建设、行政区划调整等确需调整规划分区的，按国土空间规划的调整程序进行，调整内容要及时纳入自然资源部国土空间规划监测评估预警管理系统实施动态监管。规划实施中因地形差异、用地勘界、产权范围界定、比例尺衔接等情况需要局部勘误的，不视为边界调整。局部勘误由市自然资源主管部门认定，并实时纳入自然资源部国土空间规划监测评估预警管理系统实施动态监管（图5-33）。

1）生态保护区。生态保护区指具有特殊重要生态功能或生态敏感脆弱、必须强制性严格保护的自然区域，是生态保护红线集中划定的区域。规划至2035年，生态保护区占兰州新区全域土地总面积的0.2%。

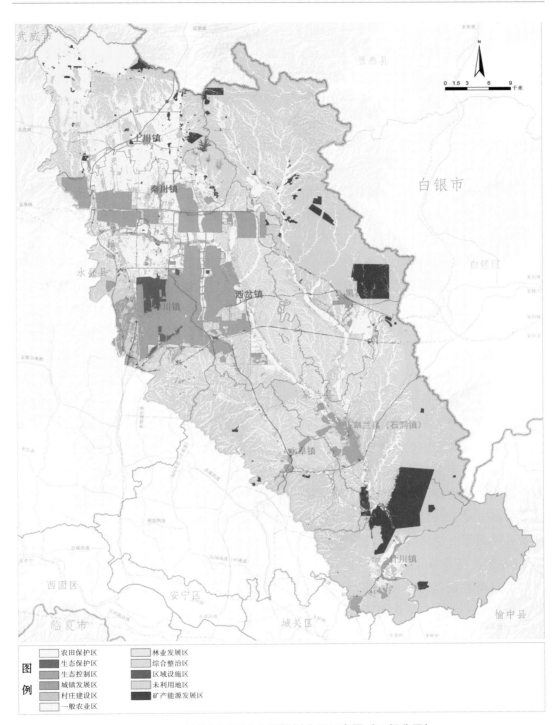

图5-33　兰州新区国土空间规划分区示意图（二级分区）

注：该图基于甘肃省标准地图在线服务系统审图号为甘S（2021）91号的标准地图制作，底图无修改。

2）生态控制区。将生态保护红线外，黄河重要支流、河洪道、部分林地空间划定为生态控制区，重点加强生态建设和生态修复，增强生态功能和生态风险防御能力。采取"分区准入+名录管理"相结合的方式进行传导管控，强化用途管制。生态控制区内允许建设交通、基础设施及其他线性工程，军事及安全保密、宗教、殡葬、综合防灾减灾、战略储备等特殊建设项目，郊野公园、风景游览设施的配套服务设施，直接为乡村振兴战略服务的建设项目，以及其他必要的服务设施和城镇民生保障项目。规划至2035年，生态控制区面积占兰州新区全域土地总面积的3%。

3）农田保护区。农田保护区是永久基本农田相对集中且需严格保护的区域，主要分布在相对集中且较宽阔平坦的盆地与沟坝地，按照永久基本农田相关要求进行严格管控和调整。规划至2035年，农田保护区面积占兰州新区全域土地总面积的12%。

4）城镇发展区。城镇发展区指城镇开发边界围合的范围，是城镇集中开发建设并可满足城镇生产、生活需要的区域，主要集中在秦王川盆地，按照城镇开发边界的要求进行管控。规划至2035年，城镇发展区面积占兰州新区全域土地总面积的9%。

5）乡村发展区。乡村发展区包括村庄建设区、一般农业区、林业发展区、生态治理和土地整理区、未利用地区、区域设施区。其中村庄建设区是城镇开发边界外，规划重点发展的村庄用地区域，主要为村庄建设用地。一般农业区是以农业生产发展为主要利用功能导向划定的区域，主要为耕地、园地、农业设施建设用地等。林业发展区是以规模化林业生产为主要利用功能导向划定的区域，主要是以国家储备林建设为导向的国土绿化造林空间。生态治理和土地整理区是进行未利用地生态治理和土地整理的重点区域，主要分布于兰州新区东南部。未利用地区以其他草地为主，坚持进行以水而定、量水而行的综合治理，宜林则林、宜灌则灌、宜草则草、宜荒则荒。区域设施区主要包括开发边界外的交通运输用地、公用设施用地等区域基础设施用地。规划至2035年，乡村发展区面积占兰州新区全域土地总面积的72%。

6）矿产能源发展区。矿产能源发展区指为适应国家能源安全与矿业发展的重要采矿区、战略性矿产储量区等区域。严格矿产资源开采规划准入管理，有序利用矿产资源，建立和完善绿色矿业发展机制，减少矿产能源开发对生态环境的影响。现有矿区在开采期内按绿色矿山标准实行开采，开采期结束后应采取生态修复手段恢复矿区地质环境。规划至2035年，矿产能源发展区占兰州新区全域土地总面积的3.5%。

二、用途结构调整

落实上位规划指标和底线要求，以盘活存量为重点，明确土地用途及结构，确定全域主要用地规模和比例，形成兰州新区国土空间功能结构调整表。

优先保障"强工业""强省会"平台建设，推动人、城、产、交通一体化发展，促进产业园区与城市服务功能的融合，保障发展实体经济的产业空间，在确保环境安全的基础上引导发展功能复合的产业社区，促进产城融合、职住平衡。保障住房和各类重要公共服务设施用地，以及涉及军事、外事、殡葬等用途的特殊用地需求。

提高空间连通性和交通可达性，明确综合交通系统发展目标，促进城市高效、安全、低能耗运行。优化综合交通网络，完善物流运输系统布局，促进新业态发展，增强区域、城乡之间的交通服务能力。

1. 农林用地

在确保农产品安全、落实耕地保护任务的基础上，积极引导农用地结构向现代农业和土地资源保护方向转变。

落实耕地保护目标，切实保护耕地。规划至2035年，兰州新区内耕地保有量不低于492.33 km²。

加大林草统筹建设力度，提高森林覆盖率。加强生态公益林、防护林保护和建设，加大林种树种结构调整力度，提高林分质量和森林综合效益。实施沿黄河与环境敏感型基础设施周边、生态网络空间内的林地建设，加强农田林网、道路沿边及滨河林地建设。规划至2035年，兰州新区林地面积保有量为363.69 km²，占区域土地总面积的12.78%；草地面积保有量为1270.76 km²，占区域土地总面积的44.66%。

提升设施农用地水平。稳定粮食和蔬菜等城市主要农产品基本生产面积，加强农业科技投入，提升设施农业建设水平和单位面积生产功能，促进农业现代化发展。因地制宜发展园地，加强对中低产田和新建园地的改造和管理，提高园地产出效益。规划至2035年，兰州新区设施农用地占区域土地总面积的3.16%，园地占区域土地总面积的2.44%。

鼓励农用地的复合利用。在结构上，通过农用地的轮作休耕和种植结构的调整，促进农业由传统生产方式向生态型生产方式转变。在空间上，强化农用地资源空间共享和集约利用，通过发展种养结合、林下经济和立体种养等生产模式，促进不同类型农业生产的优势互补和协调发展。在功能上，通过拓展农业的生态景观、休闲观光和文化教育等功能，促进一、二、三产融合发展。

2. 建设用地

严控建设用地规模，优化建设用地结构，推进城镇建设用地集约化发展。引导村庄建设用地减量化发展，合理保障区域基础设施和其他建设用地。引导建设用地由"增量扩张"向"增存并举"转型，逐步增加城乡建设用地增减挂钩、工矿废弃地复垦利用和城镇低效用地再开发等流量指标，通过建设用地流量供应推动建设用地在城镇和农村内部、城乡之间合理流动。

3.自然保护与保留用地

按照生态优先原则，严格保护森林、湿地、河流、湖泊、滩涂、岸线等自然保护区域，对暂不具备开发利用条件的盐碱地、沙地、裸土地、裸岩石砾地等自然保留区域实施开发限制。

以保障黄河安全、优化水土过程为根本目的，加强生态脆弱区重要的沟道系统建立，维护"从山到河"生态网络的完整性。规划至2035年，自然保护与保留用地面积占区域土地总面积的2.81%。

第六章　兰州新区国土空间支撑体系

第一节　产城一体发展

1.产城一体化发展目标及思路

（1）发展目标

以高质量发展为导向，立足兰州新区发展新定位和新目标，着眼于兰州新区产业发展与城市建设的互动融合，着力优化空间布局、构建现代产业体系、增强城市服务功能、强化公共服务配套、促进产城一体化发展。将兰州新区打造为西部高端产业集聚区、兰西城市群高质量发展先行区、西北城市建设新标杆，将其建成产业集聚、创新开放、文化多元、品质优良、生态宜居的国家级产城融合发展示范区。

（2）发展思路

坚持"以港兴产、以产带城、以城促产、产城融合"的发展思路。以空港、陆港、保税区为平台，以自贸区建设为目标，协调要素与市场的关系，打造对外开放新平台，振兴兰州新区产业发展；以产业发展为导向，构建现代产业体系，支撑兰州新区扩大产业规模，增加就业，带动城市发展；以打造高品质城乡生活空间为目标，建设良好的城市生态环境、完善的基础配套、齐备的生活服务设施，增强人力资本集聚能力，促进产业结构优化升级；以先进的产业体系，支撑兰州新区城市综合竞争力提升；以高品质的城乡生活空间，支撑兰州新区产业高质量发展，形成产城一体的可持续发展格局。

2.布局集约高效的现代产业体系

（1）构建现代产业体系

以实现高质量发展为目标，紧盯"国家重要的产业基地、承接产业转移示范区"战略定位，大力实施"335+X"产业倍增行动，构建布局合理、特色鲜明、集约高效的现代产业体系。推动产业基础高级化、产业链现代化，做优做强主导产业、做大做精新兴产业。加快打造绿色化工、新材料、商贸物流"三个千亿"产业集群，先进装备制造、清洁能源、城市矿产和表面处理"三个五百亿"产业集群，信息、生物医药、现代农业、文化旅游、现代服务业"五个百亿"产业集群，加快发展应急、人工智能、加工贸易、节能环保等产业。强化主导产业发展引导作用，结合兰州新区枢纽建设契机，推动现代物流业高质量发展，大力发展商贸物流产业。加快建设现代化产业体系，推动产业迈向高端水平，促进经济持续稳步增长，支撑兰州新区高质量发展建设。

（2）优化产业空间布局

以产业发展基础为依据，按照布局合理、特色鲜明、集约高效的基本原则，结合国土空间规划、城乡建设布局、产业发展布局等，依托重要产业发展平台，统筹管理规划核心区和外围协调区产业空间，着力构建"五区·多园·N产业"的产业空间布局（图6-1）。

图6-1　兰州新区产业发展空间布局示意图

注：该图基于甘肃省标准地图在线服务系统审图号为甘S（2021）91号的标准地图制作，底图无修改。

1）以秦川镇和上川镇为主体，打造主导产业集聚区。秦川镇西部依托绿色化工园区和绿色新型铝加工产业园，重点发展绿色化工、新材料产业。秦川镇中部依托中川北站陆港枢纽，发展铁路运输、现代物流。秦川镇东南部重点发展城市矿产循环和表面处理、新能源汽车、有色金属新材料等产业。秦川镇东北部打造"万亩级"现代生态循环养殖园。上川镇西部区域为未来兰州石化搬迁的承载地，上川镇北部布局风电、光伏、光热、热电等清洁能源产业，大力发展现代农业和生态林地。

2）以中川园区和西岔园区为主体，打造高端产业核心区。中川园区依托兰州中川国际航空港，大力发展空港经济、临空经济，重点布局临空服务、航空物流、保税物流、文化旅游、科技金融、会展经济和行政商务等高端服务业。依托航空物流发展数字经济、生物医药、装备制造业；依托现代农业示范园打造都市型现代精品农业；依托大型商业综合体，培育壮大商贸服务业。西岔园区依托中兰客专和兰州新区高铁南站枢纽，整体打造集商务办公、科创研发、会展娱乐、高端住宅等功能于一体的兰州新区高铁商务中心区。依托现代农业公园，打造全省现代丝路寒旱农业和生态修复示范区。

3）以水阜镇和石洞镇为主体，打造产业功能拓展区。水阜镇大力发展现代物流仓储、现代休闲农业和观光农业。依托新兰州北站布局建设，建立健全重要的快件物流节点和城市快速消费品配送中心功能。石洞镇应打造特色精品城镇，优化调整产业功能布局和人文服务环境，提升综合服务能力和品质形象，重点发展商贸服务、文化旅游、都市农业等产业。

4）以黑石镇为主体，打造绿色循环产业区。依托黑石工业园区的龙头企业带动作用，将黑石镇打造成为兰州新区城市矿产基地和功能拓展的延伸区，重点布局国内一流的城市矿产循环产业园，加快建设城市矿产及再生资源综合利用项目。完善园区周边的生活服务功能和相关商业配套。黑石镇中北部重点发展高原夏菜等特色蔬菜种植和生猪、牛、羊等现代化生态养殖业。

5）以什川镇为主体，打造生态文旅休闲区。以什川百年古梨园为核心，加快景区基础设施提升改造，大力发展休闲旅游观光农业和设施高效农业。持续放大"生态古镇、梨韵水乡"旅游品牌效应，打造集养生养老、医疗保健、休闲度假等于一体的康养谷、生态文化休闲度假小城镇。

3.构建功能复合的产城空间等级结构

根据产城融合发展要求，构建产业新城—功能片区—产城一体组团单元三级等级架构，在不同的空间规模层面实现功能复合，最终在全兰州新区层面实现产城融合（图6-2）。

图6-2　兰州新区产城发展空间格局示意图

注：该图基于甘肃省标准地图在线服务系统审图号为甘S（2021）91号的标准地图制作，底图无修改。

1）产业新城。产业新城指兰州新区的全部范围，主要由产业用地、居住用地、公共服务用地、道路用地、基础设施用地、绿化用地、生态用地等组成。

2）功能片区。功能片区的空间尺度为60～100 km²。片区之间由生态廊道分割，强调功能混合，片区内部由若干组团聚合而成。功能片区为新区相对独立的几个产业集中发展区域，也是产业园区多门类产业并行发展的承载区域。划分功能片区是实现相同产业聚集，冲突产业分隔的重要措施。

3）产城一体化组团单元。产城一体化组团单元的空间尺度为10～30 km²。产城一体化组团单元强调相对分工，是以一定产业链活动为基础的空间单元。产城一体化组团单元主要由各类产业单元和居住公共配套单元组成。每个单元内部产业相对统一，优势产业种类集聚，具有一定的规模和技术优势，同时多个组团间形成了完整的产业链，组成产城一体单元。

依据以上空间分级模式，并按照功能的相对完整性、自然地形地貌、交通干线的分割以及便于规划控制与管理的原则，将兰州新区划分为7个功能片区、12个产城一体化组团单元，在产城一体单元内进行产业、居住与配套服务等多种功能的混合布局，同时对其产业发展进行引导（表6-1）。

表6-1 兰州新区产城一体组团单元主导功能

序号	功能片区	产城一体化组团单元	主要功能	产业发展引导
1	化工产业片区	石化组团	工业	石油化工、石化下游产业
2		绿色化工组团	工业、物流	绿色化工、商贸物流
3	新材料产业片区	新材料组团	工业、物流	新材料、现代物流、城市矿产和表面处理
4	综合产业片区	高新技术组团	工业、科技研发	生物医药、信息数据
5		装备制造组团	工业、居住	先进装备制造、电子信息
6		临空经济组团	工业、商贸物流、居住	商贸物流、临空经济
7	城市服务片区	职教创新组团	职教、科技研发、居住	职教产业、教育科研
8		行政商务组团	商业商务、行政、居住	商业金融、行政办公、文创
9		综合居住组团	综合服务、商业、居住	商业商贸、生态居住等
10	城市功能拓展片区	水石新城组团	综合服务、居住、商业、现代物流	现代物流、综合服务
11	循环经济片区	黑石组团	工业、居住	循环经济产业
12	生态文旅片区	什川组团	文化旅游、居住、综合服务	文化旅游、生态康养

根据中川园区、秦川园区和西岔园区发展现状及功能定位，统筹规划核心区产业发展与城市建设，促进产业高质量发展，提升城市空间品质，构建"一核·三轴·八心·多片区"的空间格局（图6-3）。

①城市服务核心：兰州新区城市发展的核心，主要发展商业金融、行政办公、文体休闲等综合职能，服务整个新区，辐射周边区域。

②产业创新发展轴：连接高新技术产业园、职教园区、商务科研等片区，推动产学研一体化，以创新驱动促进产业高质量发展。

③产城融合发展轴：贯通化工园区、中川北站物流枢纽、空港枢纽和新区城市服务中心，缩短主导产业空间与城市空间之间的距离，促进区域内部空间结构优化，推动产城融合发展。

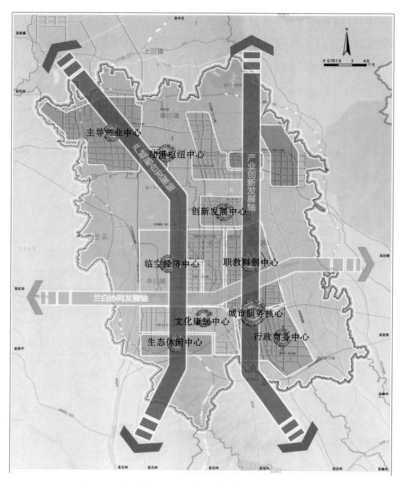

图6-3 规划核心区产城一体化空间结构示意图

注：该图基于甘肃省标准地图在线服务系统审图号为甘S（2021）91号的标准地图制作，底图无修改。

④兰白协同发展轴：连接兰州新区东至白银、西通西宁的轴带，促进要素集聚和经济流通，推动兰白西城市群协同发展。

⑤职教科研中心：以职教科研职能为主导，促进产学研一体化发展。

⑥陆港枢纽中心：依托中川北站陆港物流枢纽建设，发展现代物流业。

⑦临空经济中心：依托中川机场国际空港，发展临空经济。

⑧创新发展中心：依托大数据信息产业园，打造高水平科技创新平台。

⑨主导产业中心：依托化工园区，培育千亿级绿色化工产业。

⑩文化康居中心：以城市生活服务功能为主导，创造高品质生活空间。

⑪商务行政中心：打造集商务办公、科创研发、会展娱乐、高端住宅等功能于一体

的商务集聚区，承接未来兰州新区行政职能。

⑫生态休闲中心：以兰州新区城市休闲和文旅功能为主导，打造绿色生态服务区域。

4.强化产业用地和功能用地混合布局

（1）调整用地结构，增加城市型用地比例

兰州新区作为一个产业新区，在建设初期是以工业为主导来进行开发建设的，因此兰州新区的用地结构中工业用地占了很大的比重，而居住用地、公共设施用地以及绿地的比重偏低，从而造成兰州新区用地结构失衡，给居民生产生活带来诸多不便。伴随着新区发展空间由工业区逐步调整为城市综合功能区，在用地层面应调整总体用地布局结构，大幅增加城市型用地所占比重。规划提高工业用地的利用效率，逐步减少工业用地所占比重，加大居住用地所占比重，逐步提升公共设施用地的比重，适量增加绿地，优化用地结构。

（2）用地功能混合布局

处理好工业用地与居住、公共服务设施用地之间的关系对于产城融合尤为重要。为了避免生产及生活服务严格分区带来的弊端，提倡混合布局工业用地与居住及生活服务用地，进而完善其整体功能。根据工业用地与居住及生活服务用地之间的组合方式，新区用地布局主要采取以下三种混合布局方式（图6-4）。

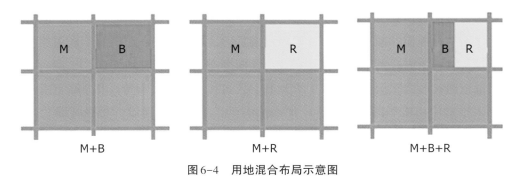

图6-4　用地混合布局示意图

注：M为工业区，B为服务中心，R为居住小区。

1）工业区（M）+服务中心（B）布局方式。

工业区：为了适应现代工业的生产要求，将专业相关的工业企业集中布置在特定的地块内，加强各企业之间的横向联系和生产分工协作，进一步提高工业企业生产效率。

服务中心：分布于各个工业区组团内部，主要为工业区就业职工提供日常生活所需的公共服务设施，包括零售商店、餐饮、邮政以及卫生院等。

这种用地布局方式能较好地满足工业区就业职工日常生活的各种需求，使工作环境更加人性化。

2）工业区（M）+居住小区（R）布局方式。

在工业区选择合适的位置集中建设一些独立的居住小区，并配套相关的基本生活服务设施，如小型商店、餐馆、理发店等。打造完整的职工生活区，从而减少日常交通成本，缩短通勤时间，有效缓解工业区生产空间与生活空间相互隔离的矛盾。不过需要指出的是，这种用地布局方式要注意工业企业的生产特征，要考虑工业与居住用地两者是否具有一定的兼容性，企业一般以无污染的一类工业企业为主。

3）工业区（M）+居住小区（R）+服务中心（B）布局方式。

这种用地混合布局方式融合了前两种用地布局方式的优点，在工业区内设置一定数量的居住小区和公共服务设施，形成工业区的生活服务中心。同时，居住用地与服务设施用地及工业区的公共绿地相结合，提升其环境品质。

5.加强枢纽建设与港口经济带动作用

发挥空港核心优势，以港口枢纽建设支撑新区千亿级商贸物流业的发展，促进要素的流通与集聚；以经济的增长、产业的发展带动城市规模的扩张与人口的集聚，促进港产城一体化发展。

提升兰州新区枢纽地位，加强枢纽与产业结合。打造具备"始发终到"功能的综合客运枢纽中心，提升连通西宁、榆中方向的通达能力；加强新区铁路货运能力建设，将兰州新区建设成为串联兰新、包兰、宝中线的横向铁路通道和货运编组中心。适度控制兰州主城区枢纽规模，推进出入口过度集聚的货运功能向兰州新区疏解。利用兰州新区枢纽节点优势，争取自贸区政策支持，吸引外向型产业集聚，建成面向"一带一路"的物流集散枢纽和多式联运中心。吸引大型航空公司和物流公司布局，发展临空指向性产业，深入推进中川机场国际化进程，加强东南亚、东亚航线建设，积极开辟兰州至中亚、西亚地区主要城市的新航线，推动促成中川机场第五航权开放。

依托中川国际空港、综合保税区，积极打造航空物流枢纽，促进空港物流经济发展。按照2035年旅客吞吐量3800万人次的规划目标，加快实施中川国际机场三期扩建工程。巩固拓展中川机场国内国际航线网络，加快实现与国内省会城市全部直航通达，加密至重要旅游商贸城市及国内前50位机场的航班，争取全部开通与中亚、西亚和欧洲地区重要节点城市的国际航线，打造西北重要的航空枢纽、欧亚航路机场和具备综合交通枢纽功能的国际空港。积极发展国际航空物流，大力开辟兰州直飞"一带一路"沿线国家和地区的国际货运航线，拓展国际航班腹舱带货业务和全货机货运直航业务，实现国际航空货运常态化。

6.打造开放融合的高水平创新平台

紧抓兰州市创新驱动发展新机遇，引领科技创新发展，推动经济高质量发展。

争取综合性国家科学中心、国家技术转移中心、国家创新基地、大科学装置及检验检测中心等重大项目在兰州新区布局，大数据、新材料、种业、新能源、生物制药、健康医疗等领域国家重大战略项目、科技创新2030—重大项目在兰州新区实施。加快建设中国科学院近物所大科学装置创新创业园、同位素国家重点实验室、电磁兼容检验检测中心、重离子应用技术及装备制造产业基地、医用同位素药物生产基地等，打造检测能力高于国家专业检测机构的国家级检测实验室、第三方检验检测平台、核素应用全产业链条。积极争取国家产业创新中心、国家技术创新中心、国家工程研究中心等研发创新机构在兰州新区综合保税区发展。

以建立国内大院大所聚集地为目标，加快引进一批"国字号"分支机构，构建高水平创新研发载体。支持和鼓励中央、省属科研机构向兰州新区搬迁或建立分支机构，加快实施中国科学院大学兰州分院项目。鼓励生物制药、高端装备、专精特新化工新材料等领域的国家重点实验室、工程中心等在兰州新区设立分支机构。优化绿色生态产业基础研发平台布局，支持德福超薄铜箔等有色金属新材料优势企业、佛慈制药等医药优势企业、兰石集团等优势装备制造企业建设企业技术中心、重点实验室、制造业创新中心等国家和省级基础科研平台，促使其在促进成果转化和服务技术攻关方面发挥更大作用。

以引进机构、培育发展、创新机制为思路，以产业发展需求为宗旨，以国家级平台为龙头、省级平台为支撑，加速建设协同化、融合化、集聚化、社会化的高水平创新平台体系，不断推动科技创新平台建设提质升级。

7.产业园区产城融合发展策略

（1）兰州新区各产业园区产城空间关系

根据产业集聚区与城区的空间关系布局类型以及兰州新区各产业园区发展现状，梳理新区各产业园区产城空间关系（表6-2）。

①主城区包含型：综合保税产业园、高新技术产业园、职教园区。

②边缘区生长型：电子信息产业园、生物医药产业园、装备制造产业园、临空经济产业园。

③子城区依托型：中川北站物流园、绿色化工产业园、新材料产业园、循环经济产业园、水阜现代物流园、城市矿产与表面处理产业园。

表6-2   兰州新区各产业园区产城空间关系类型

产城空间关系类型	产业园区	产业类型
主城区包含型	综合保税产业园	商贸物流
	高新技术产业园	信息数据
	职教园区	职教科研
边缘区生长型	电子信息产业园	电子信息
	生物医药产业园	生物医药
	装备制造产业园	装备制造
	临空经济产业园	临空经济产业
子城区依托型	中川北站物流园	商贸物流
	绿色化工产业园	绿色化工
	新材料产业园	合金新材料
	循环经济产业园	循环产业
	水阜现代物流园	现代物流
	城市矿产与表面处理产业园	城市矿产与表面处理

（2）产业园区产城融合发展模式

①主城区包含型——融合提升式发展模式。依托兰州主城区的发展基础，重点考虑产业的升级优化和生态环保问题。引导发展科技研发，都市工业等无污染、无干扰的产业类型，其因就业人员密集，用地相对集约，功能集聚区相对较小，可与城市住宅、服务中心、生态景观等穿插融合，灵活自由组织空间形式。

②边缘区生长型——网络状空间拓展模式。在产业园区和城区中间设置公共服务中心，既能满足产业集聚区的生活需要，又能很好地与主城区功能空间实现对接，同时以生态绿地连接产业园区与主城区，促进产业功能与城市功能的有机融合。

③子城区依托型——点轴式空间发展模式。借助子城的生活配套及基础设施，以产业园区的建设带动子城的发展，产业园区与子城区的融合可形成主城区远郊的一个经济增长极。同时借助铁路、高速公路、省道等交通运输体系加强与主城区的联系，形成通达的产城交通轴线，进而形成"点—轴"式空间发展模式。

第二节　交通体系构建

一、发展目标与战略

1.发展目标

按照枢纽化定位、网络化布局、一体化联动的发展思路，以空港、口岸发展为依托，以机场、高铁、城际、高速公路与兰州新区主干道为骨干，统筹区域性重大交通基础设施布局，完善内外交通网络，形成与兰西城市群发展空间和功能相匹配的"开放立体、快速顺畅、便捷高效、绿色智能"的现代化交通网络体系，从而支撑向西开放重要战略平台和西北区域综合交通枢纽建设。

2.发展战略

紧紧围绕兰州新区交通发展目标，加快建设综合交通运输通道，完善基础设施网络，大力推进对外开放、区域和城乡交通一体化，实施"1226"交通发展战略，打造区域性交通枢纽。

①打造"一个枢纽"：构建西北区域的"一个枢纽"机场，其主要辐射300 km范围内的省内城市，包括陇南、甘南、天水、定西、白银、武威、金昌以及张掖等市州。

②优化"两个系统"：优化铁路客运系统，提高旅客出行全链条便捷程度，提高绿色交通出行占比；优化铁路货运系统，打造多式联运示范区，进一步降低物流成本。

③完善"两个网络"：进一步完善高速公路网以及快速路网，实现《国家综合立体交通网规划纲要》提出的15分钟上国道、30分钟上高速公路的目标。

④畅通"六大通道"：进一步提高兰州新区在兰西城市群和兰白都市圈中的地位，畅通兰州新区至武威、中卫、白银、定西、兰州市区以及西宁方向的通道，构建区域综合交通枢纽。

二、网络体系构建

1.构建西北区域枢纽机场

国家发展改革委《关于促进枢纽机场联通轨道交通的意见》中提出，区域枢纽机场应尽可能联通干线铁路或城际铁路或市域（郊）铁路或城市轨道交通，有效辐射周边300～500 km范围内的地区。规划中川机场主要辐射300 km范围内的省内城市，包括陇南、甘南、天水、定西、白银、武威、金昌以及张掖等市州，在现状天水、定西至中川机场城际班列的基础上，增加开设合作、白银、武威、张掖、陇南等城际班列，实现空铁联运，构建辐射西北区域的"一个枢纽"机场。

（1）完善机场航线网络结构，提升对外开放水平

继续加强亚洲区内航线建设，重点加强东北亚、东南亚航线，适时开通中亚、西亚和南亚航点，实现与亚洲主要城市的联系，力争增加国际航线30条以上。大力支持大型基地航空公司以中川机场为中心的近程国际航线网络构建，推动促成中川机场第五航权开放，借助外航的力量有效延伸国际航线，将中川机场打造为"一带一路"重要国际门户。

（2）推进机场重大基础设施建设，提升航空服务质量

中川机场不仅承担全省的对外交通快速出行，而且还是疫情等重大事件发生时的国家应急救援中转枢纽，但现有规模难以保障目前需求。加快推进兰州中川国际机场三期扩建工程以及配套的T3航站楼连接线工程，空域容量按2030年旅客吞吐量3800万人次、货邮吞吐量30万t、飞行区等级4E设计，远期按5000万人次预留扩建用地。

（3）大力发展临空经济，构建区域空港物流中心

积极拓展货运网络，加快空中丝绸之路建设，将中川机场打造为西北地区货运网络的关键枢纽性节点。加快空港物流园区开发建设，提升其通关便捷水平，优化口岸资源，拓展进出口指定口岸功能，促进机场口岸物流与保税物流协同发展。做大做强基地航空公司，引进国内外知名货运航空公司、快递和物流企业，组建本地航空货运公司。争取新增兰州至西亚、东南亚等地区的国际航线，推动中川机场国际货运包机航线实现常态化运营。

（4）完善机场集疏运网络，强化公铁航多式联运

完善机场面向区域的集疏运系统，构建辐射天水、定西、甘南、白银、武威、张掖、陇南等市州的城际班列。完善机场至市区及周边城市的通道建设，建立综合交通出行信息服务平台，整合公铁航信息资源，推进换乘旅客出行、物流信息联网，为旅客提供综合交通运输信息的互联互通、实时更新、及时发布和便捷查询服务，实现公铁航多式联运。

2.优化铁路货运系统，实行区岸联动，打造立体化开放大通道

重点推进兰张三四线中川机场至武威段、中兰客运专线、机场综合交通枢纽环线铁路和轨道交通5号线建设，建设高效的客运铁路网，构建支撑航空对外出行以及兰州新区对外便捷的铁路枢纽。近期主要依托中川机场站以及兰州新区火车站，承担区域铁路客运班列集散，远期利用现状航站楼改造，打造区域综合性铁路枢纽，承担全省空铁联运任务。

依托兰州新区综合保税区、兰州中川机场航空口岸、兰州铁路口岸中川北站作业区，构建"一区一港一口岸一通道"立体化的对外开放体系，促进进口业务持续扩大，对外贸易额大幅增长。中川北站北侧预留货运站扩建用地，打造西北区域最大的货运中转枢纽，一方面承接"一带一路"沿线国际班列停靠，实现区岸联动，另一方面，为新区产业提供便捷的运输系统。中川北站预留编组站功能设置，远期承担兰州北编组站外移以及国际集装箱编组功能。

3.加快高快速铁路建设，建设区域空铁联运枢纽

充分利用中川国际机场的枢纽作用，积极协调加快中兰铁路、兰张三四线、兰州中川机场综合交通枢纽环线铁路、T3航站楼连接线等重点交通项目建设，启动实施轨道交通5号线，强化空铁联运、空陆联运，有效完善中川机场综合交通体系，扩大枢纽辐射范围，进一步突出中川机场西北对外门户的作用。

规划远期2035年,中川机场旅客吞吐量达3800万人次，日均出行达10万人次/天。2015年虹桥机场扩建工程按满足年旅客吞吐量4000万人次设计建设。2020年，虹桥机场旅客吞吐量已达4567.66万人次，高速铁路客运规模年发送量达6000万人次，铁路出行占比高达57%。借鉴上海虹桥枢纽的设计和建设经验，兰州新区要发展空铁联运，必须要做大铁路枢纽，构建辐射全省的立体交通枢纽。

推进兰州新区—榆中通道建设，疏解主城区兰州西站的客运压力，规划榆中至新区快速铁路连接线，同时谋划加快推进中川城际铁路提速改造项目，进一步缩短兰州新区与兰州主城区之间的通行时间。远期在兰州市形成中川机场、兰州西以及榆中三大客运枢纽。

完善客货运铁路网络，加快续建中兰客专，推进兰张铁路三四线机场至武威段、中川城际铁路提速改造以及轨道交通5号线建设，启动规划兰州至白银城际铁路，加快形成"一环·两横·四纵"的铁路骨架路网，提升兰州新区区域铁路枢纽地位，打造兰州新区和主城区"半小时交通圈"（图6-5）。

①一环。一环为由兰州新区站—新建中川机场T3航站楼—中川机场站（T2航站楼）以及即有中川城际铁路构成的环线运输通道。线路起自即有兰州至中川机场城际铁路兰州新区站，经中川机场T3航站楼向北接入兰州至张掖三四线铁路。全程按城际铁路、双线、120 km/h标准设计。

②两横。两横为朱中铁路与中兰客运专线。扩建朱中铁路辅线，增强铁路运输能力，沿途设西小川站、中川北站以及高家庄站，打造向西开放的多式联运示范枢纽。中兰客运专线是《中长期铁路网规划》中"八纵·八横"高速铁路的主通道之一，在树屏镇引入中川城际铁路兰州新区站，全线设计速度250 km/h（预留300 km/h设计），在兰州新区设新区南站。

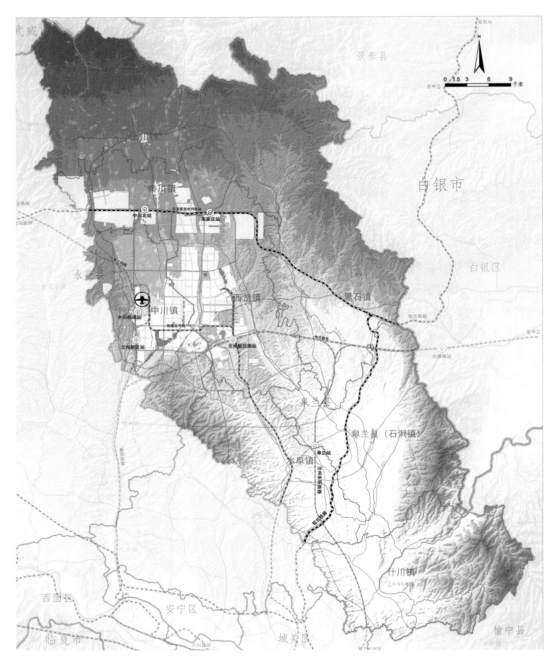

图6-5　兰州新区铁路网规划示意图

注：该图基于甘肃省标准地图在线服务系统审图号为甘S（2021）91号的标准地图制作,底图无修改。

③四纵。四纵为兰张铁路三四线、轨道交通 5 号线、包兰铁路以及兰白城际铁路。其中兰张铁路三四线自即有兰州西至中川机场铁路中川机场站引出，设计时速 250 km/h，同时提速改造现状中川城际铁路；轨道交通 5 号线是连接主城区与兰州新区的市域快线，线路南起兰州市火车站，依次串联城关区、忠和镇、水阜镇和兰州新区，北至兰州新区中川机场，全长 81 km，沿途设水阜、砂岗村、涝池村、王家沟、机场等 16 个站；兰白城际铁路（兰州枢纽客运东环线）自白银西站接轨经皋兰县至兰州市区，线路位于包兰铁路白银—兰州段东侧，设计时速 250 km/h，沿途设皋兰站。

4.完善区域公路系统格局，推动区域协同发展，强化基础设施共享

兰西城市群公路系统现状主要是依托中通道，南通道基本形成。未来应构建北通道，疏解兰州城区过境压力，强化兰州新区与西宁的联系。以兰州新区第二增长极为引擎，结合甘肃省"两横·两纵"建设，积极推进定白高速、白银至永登高速以及天祝至互助高速，增强兰西城市群联系，构建兰西城市群北通道。加快建设 G1816 乌玛高速兰州新区至兰州段（中通道）项目，积极谋划兰州新区至永登高速、兰州新区至红古高速等项目，远期形成"三横·三纵"的兰西城市群通道，实现兰西城市群区域协同发展，强化城市群内部基础设施共建共享（图6-6）。

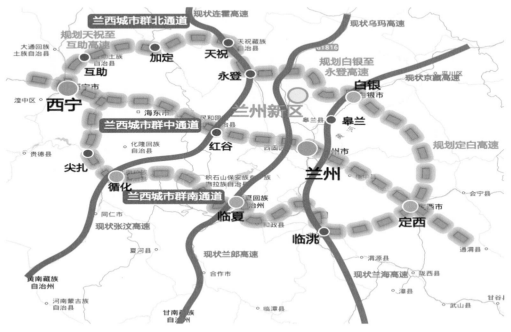

图6-6　兰西城市群通道示意图

5.优化兰州新区对外高速框架，构建"环+放射"的高速公路网

兰州新区现状高速框架采用方格式路网格局，路网按照《兰州新区总体规划（2011—2030年）》要求稳步推进，总体规划整体形成"十字通道·一联"的高速公路网格局。兰州新区高速公路早期主要沿机场南向北发展，难以形成环状路网格局。随着城区规模的不断扩大，城市规模由三镇逐渐扩展为八镇，人口规模由《兰州新区总体规划（2011—2030）》（2014年修改）确定的100万人向当前国土空间规划确定的230万人发展，城市空间框架显著扩大。国内部分城市空间框架通常采用"环+放射"状高快速公路网布局模式。其中一环路尺度通常为5～8 km，城市越发达尺度越小；二环路尺度为8～15 km，多数城市为10 km；三环路尺度基本在20 km左右；四环路尺度为30～50 km（图6-7）。

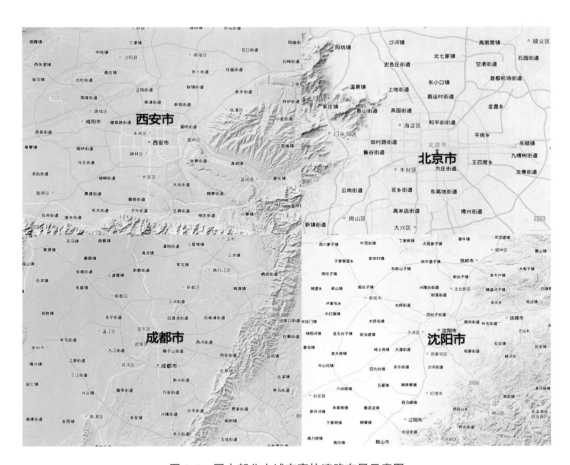

图6-7　国内部分大城市高快速路布局示意图

结合兰州新区现状高速公路网布局，远期规划形成"环+放射"的高速公路网。内环为城市快速路环，覆盖半径为5 km；中环与外环为高速公路环，覆盖半径分别为10 km、25 km。加快实施中通道建设，加强兰州新区与兰州市区的快速联系；积极谋划兰州新区至红古区高速、新区至白银南绕城高速，增强新区与周边城市的快速联系；快速启动新区至永登东绕城高速，疏解过境交通；优化新区对外高速框架，构建"一环·六射"的高速公路网。

"一环"为新区绕城高速环，由现状乌玛高速、规划新区至白银南绕城高速以及规划新区至永登东绕城高速组成。"六射"为新区至武威（规划新区至永登绕城高速）、新区至中卫（现状乌玛高速）、新区至白银（规划新区至白银高速连接线）、新区至定西（规划新区至什川高速以及兰州北绕城高速清水驿至忠和段）、新区至西宁（永登至红古高速以及京藏高速）以及市区至临夏（中通道）六个方向（图6-8）。

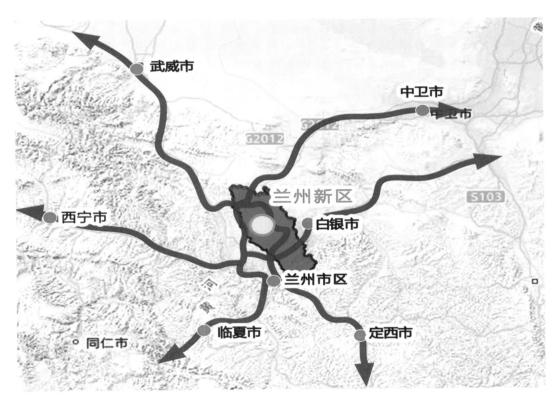

图6-8　兰州新区高速路网示意图

6. 增强内部交通循环能力，搭建"一环·八射"对外快速交通骨架网

打造兰州新区和主城区、白银市"半小时交通圈"，提升兰白都市经济圈的通达性和同城化水平。支持兰州新区"东拓南下西连北接"，促进兰州新区与主城区、白银城区一体化发展。

统筹考虑上川镇、秦川镇、中川镇、西岔镇、水阜镇、黑石镇、石洞镇、什川镇八镇的交通衔接，水阜镇主要通过优化兰秦快速路的出入口，提升车辆进出快速路的效率；上川镇、秦川镇主要通过新建快速路解决与城区的快速联系；石洞镇、什川镇主要通过新建道路与现状盐什公路衔接；黑石镇主要依托现状 G341 与新建道路衔接；另外通过对原省道 101 进行提升改造，加强与树屏镇的快速联系，建成兰州新区西通道，提升通行能力。

总体上，通过对现状国省道提级改造，构建兰州新区对外连接快速通道，搭建"一环·八射"的快速交通骨架网。"一环"：由南绕城、东绕城、北绕城以及祁连山大道围合而成的城区快速环，主要解决城区到达外围高快速路通勤时间较长的问题。"通道一"为兰州新区至树屏镇、西固区的联系通道（西通道），主要依托 S101 改扩建，串联生态修复区，南接安宁区北环路段兰州北站与仁寿山的中间位置；兰州新区段北侧与经三十六路衔接，解决过境交通（S101）问题。"通道二"是兰州新区至动物园、盐池片区、安宁区的联系通道（新东线），为新建道路，在培黎广场位置与北环路互通。"通道三"是兰州新区至水阜、城关区的联系通道（水秦快速），为现状 S102。该通道利用现状兰州市区至兰州北收费站段连霍高速与水秦快速路无缝衔接，并且水秦快速路也与 G109 改建段衔接，即城关区目前有两条通道至水秦快速路，且水秦快速路为双向 6～8 车道，通行能力较强，能够满足兰州新区与城关区的出行需求。"通道四"为兰州新区至皋兰、什川快速通道，结合现状 X124 兴新路以及 X131 改扩建，重新规划建设兰州新区至皋兰、什川快速通道。"通道五"为兰州新区至白银快速通道，主要依托现状 G341 按一级公路标准建设，是白银市到中川机场以及兰州新区的最便捷道路。"通道六"是城区至上川镇的快速通道，为新建道路，主要为增强新区与北部片区的快速联系。"通道七"是城区至产业园的快速通道，为新建道路，主要为增强核心区与北部产业组团的快速联系。"通道八"是新区至红古区的快速通道，为远期规划道路。

考虑到一是"通道二"南端高差较大，串联人口密度较低，且与"通道三"距离较近，二是"通道八"穿越山体，实施难度较大，所以建议近期可按照"一环·六射"的方案规划建设对外快速通道（图6-9）。

图6-9　兰州新区快速路网布局示意图

注：该图基于甘肃省标准地图在线服务系统审图号为甘S（2021）91号的标准地图制作，底图无修改。

7.完善城区快速交通系统，构建"港—城"一体的交通支撑体系

完善城区快速交通系统，建立临空区"三级"交通体系。对外交通：城际铁路、轨道交通5号线、乌玛高速、中通道、中川至白银高速、水秦快速、新区至皋兰快速、新区至白银快速等。组团间交通：西绕城、北绕城、东绕城、南绕城、祁连山大道、黄河大道等。组团内交通：经十五路、疏勒河路等。（图6-10）

图6-10　兰州新区临空区交通体系示意图

三、交通环境营造

1.优化城区道路系统，确保路网与功能匹配

（1）优化道路系统，快速改造主要对外通道

推进西绕城快速路、经十五路、纬十五路、纬二十八路（北绕城）、环城路等兰州新区内部对外通道的快速化改造（图6-11）。

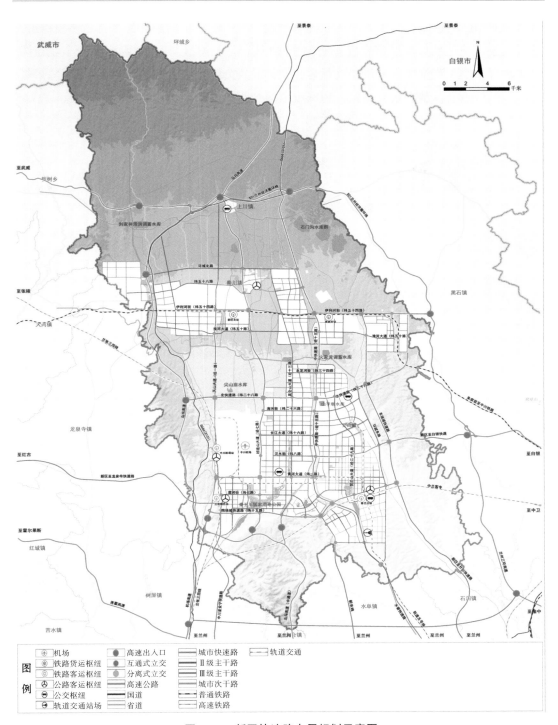

图6-11　新区快速路布局规划示意图

注：该图基于甘肃省标准地图在线服务系统审图号为甘S（2021）91号的标准地图制作，底图无修改。

快速路断面道路多为半封闭式，应尽量减少其与城市道路的交叉互扰，并注重道路的通达性、快速性，与城市主要干路的交叉口以采用立交形式为主。为保证车流连续、快速通行，快速路主线将不设置红绿灯，中央设置分隔带，其与城市道路衔接部分采用立体交叉与匝道控制出入的方式，为城市中的长距离出行和快速交通服务（图6-12）。

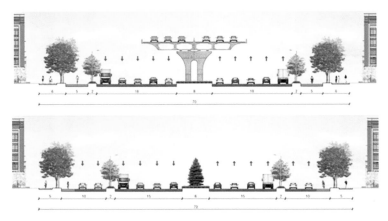

图6-12　快速路道路断面示意图（上：高架段；下：地面段）

快速路与城市道路衔接方式。快速路主线车流通过下匝道进入辅路，再进入与辅路平面相交的城区道路；相反，城区交通流通过辅路进入上匝道，最后汇入快速路主线。辅路主要平行于快速路主线布局，一种为与主线并行，一种为部分与主线并行、部分嵌入高架下方（图6-13）。

图6-13　快速路辅路布局示意图

当高架桥下坡时，嵌入高架桥的辅路受净空限制，需要通过导流线将内侧车流引入外侧；而当高架桥上坡时，需要利用高架桥底空间通过导流线将辅路车道展宽（图6-14）。与该快速路相交的主干路附近位置均应设置有上下匝道，上下匝道间距应满足相关规范要求，且立体交叉匝道车行道宜为单向行驶。

图6-14　辅路导流线示意图

　　快速路与城区道路交叉口主要有立交与平交两种形式。当快速路与城区道路立交时，相交道路与辅路平交，辅路进口道主要设置左转与右转车道，相交道路进口道可设置左转、直行以及右转车道，相交道路通过右转以及左转进入快速路辅路。为避免快速路上下匝道对交叉口交通流的影响，建议上下匝道与交叉口距离控制在100 m以上。当快速路与城区道路平交时，相交道路与辅路采取右进右出的管理模式（图6-15）。

图6-15　交叉口衔接示意图

　　（2）改造交通性主干路交叉口节点，保证其交通性功能

　　"主路+辅路"的断面结构通常运用于城市快速路断面，其能够有效解决区域组团之间快速交通联系问题。但快速路以及交通性主干路通常在交叉口需要设置立交，保证其交通性功能。兰州新区目前主要干路多数采用平交，无法实现交通性主干路的快速交通功能。

　　建议将主要交通性干路交叉口改造为分离式立交，保证其交通性功能。南北向直行交通分离至地下/地上道路，同步对地面交叉口进行渠化设计，综合提高通行效率。如天津滨海新区的快速路与交通性主干路及高等级道路采用互通式立交，一般道路主要采用分离式立交（图6-16）。

图6-16　交叉口改造示意图

（3）加大产业组团片区外路网密度

由于兰州新区早期定位为兰州市的产业功能区，主要布局工业用地，故规划道路网间距相对较大，约600 m，若沿用早期路网格局，则不利于居民生活出行。研究发现道路面积与道路间距呈正相关关系，道路面积比例和道路密度与道路间距成反比。随着道路间距的缩小，地块面积的变化基本是线性的，而面积比例和道路密度的变化是呈指数型的。因此，追求小街区可能会导致道路面积占比过大。而在城市开发中过高的道路面积占比，意味着其他建设用地的减少。特别是在很多城市的路网结构已经成型的条件下，路网密度的加密必然要增加大量的拆迁工作。

中共中央、国务院印发的《关于进一步加强城市规划建设管理工作的若干意见》提出，路网密度应达到8 km/km^2，道路面积率应达到15%。但按照本研究中的模型，路网密度达到8 km/km^{2}时，道路面积占比将接近18%，其间距需要控制在300 m以下。2019年实行的《城市综合交通体系规划标准》，提出了不同功能用地的路网密度要求，并且对街区尺度、路网密度两个指标作出要求。显然，要达到路网密度8 km/km^{2}以上的要求，其路网间距必须控制在300 m以内。

目前，兰州新区东南片区路网暂未建成，规划以商业、居住为主，建议结合高铁站布局，采用"窄马路、密路网"的理念，提高该区域的路网密度。其中，为了保证道路通行能力的一致性，东西向交通性主干路延续建成区道路断面结构，其他道路不宜设置辅路。借鉴国内其他新区居住组团路网空间的设置经验，兰州新区的道路间距设置为150～200 m，干路网间距控制在1000 m内。目前，兰州新区控规路网间距为350 m，有待进一步优化，次支道路红线宽度不应超过35 m。

2.大力发展公共交通，提高公交基础设施保障

（1）优化城区轨道交通线路

加快推进轨道5号线建设，围绕各站点进行高强度土地开发，提高轨道站点周边的土地利用效率。优化轨道交通5号线城区走向，避免对城区用地进行大面积切割，优化周边路网结构，保持城市道路与轨道交通并行设置。串联高铁南站片区等人流密集区，并规划一处轨道交通停保场，承担轨道交通的停车以及检修等业务（图6-17）。

（2）明确公共交通路权，减少交织冲突

完善公共交通线网，以交通枢纽、城市主中心、城市副中心、组团中心为重要节点，重构兰州新区内部常规公交"快干支"三级线网结构，减少线网重叠度，满足多元化出行需求。大力推进公交专用道建设，实现连续、成网运行，确保公交路权，同时公交专用道的设置也可以限制机动车的道路空间，规范机动车的行车秩序。

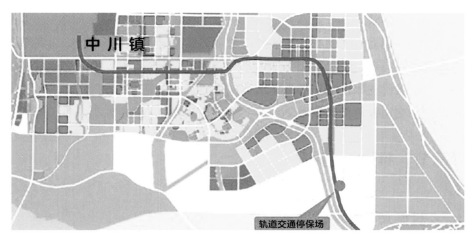

图6-17　轨道交通线路设置示意图

目前，兰州新区建成道路多数具有辅路，并在辅路上设置有公交专用道。但由于受交叉口渠化设置影响，公交车辆需要在临近交叉口位置向主线变道，与右转车辆存在一定冲突。考虑到近期需要对交通性干道交叉口进行分离式改造，为了保证公交专用道的连续，建议将公交专用道设置在主线最外侧车道，辅路作为机动车进入各生产生活区的主要道路以及非机动车道（图6-18）。

图6-18　公交专用道设置示意图

3.推动交通智能绿色发展

提升交通智能化、精细化发展能力。推进智慧交通基础设施数字化升级，推进自适应智能交通信号灯、停车感知、电子诱导屏等设施的布局应用。在特定路段推进非现场执法设施建设，推动交通网、信息网与能源设施网络信息的整合，加快构建以智能出行、出租车、公交车管理、应急指挥等系统为重点的新型智能交通管理体系。在特定路段与物流园区探索建立智能驾驶和智能物流示范展示系统，为提升车车、车路智能协同能力提供试点试验与示范。大力倡导绿色出行，完善充电桩布局，强制淘汰老旧污染车辆，推动公交领域优先采用新能源汽车。支持物流企业采用多式联运、甩挂运输等新型组织方式，提升交通绿色低碳水平。

第三节　推进乡村振兴

一、乡村振兴目标

2025年，农业农村现代化取得重要进展，城乡基本公共服务均等化水平明显提高。农业生产结构和区域布局明显优化，农业质量效益和竞争力明显提升，现代乡村产业体系基本形成，有条件的地区率先基本实现农业现代化。脱贫攻坚成果巩固拓展，城乡居民收入差距持续缩小。农村生产生活方式绿色转型取得积极进展，农村生态环境得到明显改善。

2035年，乡村振兴取得决定性进展，农业农村现代化基本实现，农业结构得到根本性改善，农民就业质量显著提高，共同富裕迈出坚实步伐，城乡基本公共服务均等化基本实现，城乡融合发展体制机制更加完善，乡风文明达到新高度，乡村治理体系更加完善，农村生态环境根本好转，美丽宜居乡村基本实现，致力将兰州新区打造为国家生态文明建设示范区、国家农业现代化示范区、全省乡村振兴示范区，全省城乡融合发展试验区，全省各类移民搬迁安置主承载地。

2050年，乡村全面振兴，农业强、农村美、农民富全面实现。

二、乡村振兴策略

加快基础设施配套建设，发展全域文化旅游业，积极推进文化旅游西进工程。加快"陇原乡愁"乡村旅游品牌、"空中游丝路"通航品牌建设，发展文化旅游、乡村旅游和生态旅游，突出山地特色、民俗特色和文化特色。深入实施乡村振兴战略，加快推进农村一二三产业融合，建设一批国家级和省级的集循环农业、创意农业、农事体验于一体的田园综合体，发展农产品的加工、储运和乡村旅游相结合的三产融合道路，发展一批吃、住、行、游、娱、购于一体的农旅、文旅小镇、大力发展休闲观光农业、市郊乡村旅游，共同构建山水生态典范，幸福美丽秦川。

（1）以城乡融合发展为目标，构建城乡融合发展新格局

充分考虑人口结构、产业结构、土地结构在空间聚集的变化，通过科学规划引导人

口聚集到城镇、新型社区，产业聚集到园区等，实施新区农村城市化战略，以城带乡、城乡互促，构建"新区城区—皋兰县城—镇—乡村"四级网络化城乡体系。统筹国土空间开发格局，优化乡村生产生活生态空间，按照特色小镇、主题创意农业产业园、特色田园综合体、美丽乡村四板块分类有序推进乡村发展，构建资源环境承载力与农民美好生活需求相匹配的乡村发展新格局，全力推进新区城镇化建设。

（2）以产业兴旺为重点，加快培育农村发展新动能

按照"创新、协调、绿色、开放、共享"的新发展理念，深入开展科技兴农、质量兴农和品牌兴农行动，以支持新区发展、促进农民增收为核心，大力发展现代高效农业，重点扶持发展多元富民增收产业。依托现代农业公园、现代农业示范园、生态循环养殖园，大力构建"种养加、产供销、康养游"一体化产业链，走特色化、规模化、机械化智能化农业发展新路子。

1）优化产业发展定位及布局。不断优化产业发展定位及布局，充分发挥兰州新区现代农业发展区位和基础优势，以保障新区、服务市区（兰州和白银）、辐射银西（银川、西宁）为导向，以绿色有机、高效节能、品牌突出为发展目标，通过加快转变农业发展方式，以生态效益为首要发展约束条件，将乡村地区分为都市农业发展区、产业配套服务区、生态与文化旅游区三大类。

①都市农业发展区。推进山水林田湖草沙系统治理，加强"土地整理"和"土地开发"，通过交换农户间土地、减少碎片化农田、修建道路、优化土壤和水质，改造农业生产条件、提升农业生产效率，实现规模经营。大力发展现代农业，建设高标准现代农业设施。充分发挥乡村资源、生态和文化优势，聚力提升农业产业的经济性和科技含量，加快发展以设施农业为主的全域现代丝路寒旱农业。培育壮大适应城乡居民需要的功能复合型农业、数字农业、智慧农业、文化体验、健康养生、养老服务等都市型新产业。突出玫瑰、中草药、高原夏菜、禽畜养殖等特色产业，大力发展现代农业观光、旅游、科普教育。做大做强规模种植养殖，逐步形成产业链。

②产业配套服务区。空港配套服务产业区应发挥紧邻空港区位优势，重点发展商贸服务、物流仓储、轻型加工、住宿餐饮等产业。综合产业片区配套服务区重点发展面向周边产业园区的生活配套服务业，同时结合民俗文化资源发展文化休闲产业。

③生态与文化旅游区。南部山地生态旅游区应结合秦王川湿地公园、锦绣丝路等生态与文化旅游项目，突出山地特色，在改善生态环境的前提下，重点发展生态旅游、林下经济、文化休闲等产业。石门沟生态休闲产业区重点发展生态休闲旅游，培育发展休闲体验农业。北部生态休闲区应结合三北防护林建设创建森林公园，重点发展休闲观光体验，适当种植玫瑰、枸杞、中草药等经济作物。都市旅游发展区充分依托黄河沿线及什川镇旅游资源，发展生态休闲旅游，培育发展休闲体验农业。

2）努力打造兰州新区农业品牌。大力发展循环农业、设施农业、休闲农业和智慧农业，重点发展特色花卉、高原夏菜和优质饲草"三大主力产业"，着力打造特色蔬菜、高端果品、饲草种植、美丽花卉、精品养殖和生态旅游"六大农业生产业态"，加快现代农业公园、现代农业示范园、生态种养循环园、高原夏菜现代农业基地、特色花木景观种植基地、亚高原现代农业基地"三园三基地"建设，把兰州新区建设成为集生产性、生态性和示范性于一体的新型现代农业示范区。依托园区农投公司和村集体领办的专业合作社，创新农民参与机制，充分发挥休闲农业企业的龙头作用、农民的主体作用，推行"公司+合作社+农户""股份合作制"等模式，引导农民参与休闲农业的建设。加大土地流转力度，对撂荒地进行复垦、整治，推进农业规模化、集约化发展。经济林品以大田杏、软儿梨、山楂、核桃为主，设施农业以中药材育苗、草莓、圣女果、花卉为主，大力发展绿色无公害产品，做好"三品一标"，打造品牌。

3）提升农业对外开放水平和质量，拓展农业发展空间。充分发挥"座中四联"区位优势，积极融入"一带一路"倡议，大力实施农业走出去战略，推动兰州新区与"一带一路"沿线国家和地区的农业合作，主动融入中蒙俄经济走廊、新亚欧大陆桥经济走廊以及中国—中亚—西亚经济走廊的建设，推动农业产能、技术、物资装备、基础设施等方面的互联互通和合作，拓展农业发展新空间。扶持各类新型农业经营主体开展跨境电子商务。进一步发挥综合保税区及空港优势，推动兰州新区优势果品、蔬菜出口，促进互惠互利国际农产品贸易。实施特色农产品出口提升行动，主动扩大国内紧缺农产品进口。

4）推进乡村产业振兴，提高农业农村现代化发展水平。从项目、科技、市场、主体、品牌、政策、体制机制等方面，推进乡村产业振兴和农业农村现代化。建立健全现代农业产业体系、生产体系、经营体系，突出兰州新区优势特色，用现代设施、装备、技术手段武装传统农业，调整产业结构，提高亩产效益，大力发展高附加值、高品质的农产品生产。因地制宜推进多种形式规模经营，发挥龙头企业带动作用，培育专业大户、家庭农场、农民合作社、农业企业等新型农业经营主体，建设职业农民队伍。完善利益联结机制，构建企农合作的产业共同体，同时，切实维护和保障广大农民的利益，以乡村产业振兴促进农民增收。

（3）以生态宜居为关键，着力推进美丽乡村建设

以绿色发展为导向，积极推广高效生态循环农业模式，努力实现农业废弃物循环利用，大力推进农业清洁生产方式，集中治理农业环境突出问题，大力推进农业绿色发展。大力实施"六大改造""六大整治"及农村厕所、垃圾、风貌"三大革命"，持续改善农村人居环境，以建设黄河上游生态修复与未利用土地综合开发示范区为目标，进一步加大生态修复，探索农业生态化、生态园林化、园林产业化的生态发展模式，使生态

建设与现代农业发展、现代林业发展、现代养殖业发展紧密结合。加强城市绿肺、绿道、绿环、绿轴等建设，建设山水林田湖草共生、人与自然和谐统一的生态产业化体系，构筑兰州新区城市生态屏障和兰州市区北部生态屏障。

（4）以乡风文明为保障，不断繁荣兴盛乡村文化

践行社会主义核心价值观，树立乡村文明新风尚。广泛开展群众文化活动，倡导诚信道德新规范，传承发展农耕文化，保护乡村传统风貌，着力打造晴望川—中国民俗文化村、世界第一古梨园品牌建设。依托秦王川历史文化资源和兰州新区现有旅游资源优势，打造旅游品牌，推动特色、优秀传统文化传承发展，初步形成"一乡一景、一村一品、一家一特"的乡村文化旅游模式。

（5）以治理有效为基础，不断夯实农村发展根基

不断健全党委领导、政府负责、社会协同、公众参与、法治保障的现代乡村社会治理体系，将德治法治自治有机结合，推进平安乡村建设。

（6）以生活富裕为根本，不断改善农村民生水平

坚持在发展中保障和改善农村民生，加快补齐农村民生短板，努力增加农民收入，继续有效巩固脱贫攻坚成果，着力促进农民增收致富。完善就业创业保障制度，加强农村基础设施建设，推进城乡公共服务均等化建设，不断满足农民群众日益增长的美好生活需要。

（7）以农业创新为支撑，全面深化农村改革创新

逐步构建城乡融合发展体制机制，促进城乡要素、人口流动，不断健全基本公共服务体系。强化乡村振兴人才支撑，大力培育新型职业农民，加强农村专业人才队伍建设，发挥科技人才支撑作用，创新乡村人才培育引进使用机制。加快农村土地产权制度改革，深化农村土地制度改革，推进农村集体产权制度改革，积极推进农村"三变"改革。健全多元投入保障机制，加大财政投入力度，坚持把农业农村作为财政保障和预算安排的优先领域，优化农村金融服务，创新金融支农产品和服务，鼓励开展各类融资租赁服务。

三、优化乡村格局

充分发挥兰州新区现代农业发展区位和基础优势，以绿色有机、高效节能、品牌突出为发展目标，通过加快转变农业发展方式，以生态效益为首要发展约束条件，大力发展循环农业、设施农业、休闲农业和智慧农业等现代农业发展。通过优化全域村镇布局谋划乡村发展，整体构筑"一心·一环·两核·三区·三轴·多点"的村庄发展布局，以点带面，串点成轴形成全域乡村统筹发展格局（图6-19）。

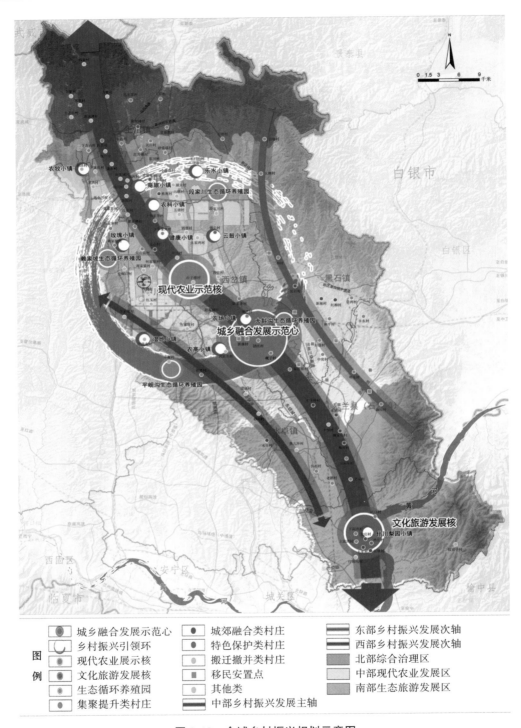

图6-19　全域乡村振兴规划示意图

注：该图基于甘肃省标准地图在线服务系统审图号为甘S（2021）91号的标准地图制作，底图无修改。

①一心。一心为以现代农业公园为引领的现代农业与城乡融合发展核心。

②一环。一环为以现代农业、生态循环养殖园及美丽乡村为抓手的乡村振兴引领环。

③两核。两核为现代农业展示核和文化旅游发展核。

④三区。三区分别为北部综合治理区、中部现代农业发展区和南部生态旅游发展区。

⑤三轴。三轴分别为以乡村集聚发展形成的中部乡村振兴发展主轴以及东部、西部乡村振兴发展次轴三条轴线，规划形成主轴带动发展，次轴辅助发展的"川"字形轴线格局。

⑥多点。多点是指以特色小镇、生态循环养殖园、美丽乡村等为主的乡村振兴发展节点。

四、乡村振兴分类

村庄分类的依据是特色资源、发展评价结果以及相关专项规划。当前拟定村庄类型主要为以下4类（表6-3）。

（1）城郊融合类

城郊融合类村庄指城市近郊区以及镇所在地的村庄，包括全部农居点位于城镇开发边界内或部分农居点位于城镇开发边界内的村庄。其能够承接城镇外溢功能，居住建筑已经或即将呈现城市聚落形态，村庄能够共享使用城镇基础设施。

（2）特色保护类

特色保护类村庄是指具有历史文化价值、自然景观保护价值或者具有其他保护价值的村庄，是彰显和传承中华优秀传统文化的重要载体，如文物古迹丰富，传统格局完整，非物质文化遗产资源丰富，具有历史文化和自然山水特色景观、地方特色产业等的村庄。

（3）集聚提升类

集聚提升类村庄指人口规模相对较大、区位交通条件相对较好、配套设施相对齐全、产业发展有一定基础、对周边村庄能够起到一定辐射带动作用、具有较大发展潜力的村庄，是乡村振兴的重点。

（4）搬迁撤并类

搬迁撤并类村庄是指因各种原因需要搬离原址撤并至其他地区的村庄，包括生态保护红线、自然保护地核心区内的村庄，生存条件恶劣、生态环境脆弱、自然灾害频发、存在重大安全隐患、人口流失严重或因重大项目建设等原因需要撤并的村庄。

依据村庄分类原则、资源禀赋条件、城镇发展程度、各专题研究结果，并结合村镇意愿，对现有村庄进行综合评判，将研究范围内的104个行政村（原107个行政村中中川镇的倒水塘村、北坪村、陈家梁村已规划为兰州新区核心区）进行分类引导，规划至

2035年形成城郊融合类村庄17个、特色保护类村庄5个、集聚提升类村庄41个、搬迁撤并类村庄41个（表6-3）。

表6-3　兰州新区乡村振兴分类表

所属镇	城郊融合类	特色保护类	集聚提升类	搬迁撤并类	合计数量
中川镇	宗家梁村(局部)、史喇口村、元山村	—	陈家井村、赖家坡村、下华家井村、廖家槽村、尖山庙村	方家坡村、红玉村、周家梁村、何家梁村、兔墩村、西槽村、平岘村、芦井水村	16
秦川镇	五道岘村	—	新昌村、东川村、上华家井村、胜利村、石门沟村	尹家庄村、龙西村、西昌村、西小川村、建新村、薛家铺村、振兴村、榆川村、保家窑村、新园村、红星村、六墩村、源太村、小横路村、炮台村	21
西岔镇	—	铧尖村	陈家井村、岘子村、漫湾村、团庄村	山字墩村、赵家铺村、火家湾村、中川村、窝窝井村、四墩村、五墩村、段家川村、西岔村	14
上川镇	黄茨滩村	—	下古山村、砂梁墩村、甘露池村、达家梁村、五联村、东昌村、红井曹村、天山村	苗联村、四泉村、上古山村、古联村、祁联村、涝池滩村	15
水阜镇	水阜村、涝池村、砂岗村、燕儿坪村	—	长川村、老鹳村	彬草村	7
黑石镇	黑石村、红柳村、新地村	—	石青村、白坡村、大横村、三和村、星湾村、和平村、白崖村、中窑村	—	11
石洞镇	庄子坪村、东湾村、中堡村、魏家庄村、蔡河村	—	阳洼窑村、明星村、涧沟村、豆家庄村、丰水村、文山村	—	11
什川镇	—	上车村、长坡村、南庄村、北庄村	上泥湾村、下泥湾村、河口村	打磨沟村、接官亭村	9
合计数量	17	5	41	41	104

五、美丽宜居乡村构建

构建"生态共建、空间衔接、设施共享、产业共融"的山水城乡生态空间，形成"一乡一景、一村一品、一家一特"的美丽宜居乡村。

1.健全公共服务体系

依据设施享有均等化、成本效益最优化、服务结构体系化原则，综合考虑原有设施影响、服务人口规模、乡村产业类型、周边园区或城镇可共享设施等因素，按照生活圈的理念，对乡村生活圈进行层级划分，结合不同尺度的乡村生活圈配套不同服务等级的公共服务设施，形成层次分明的公共服务设施体系。同时，结合新形势下的乡村居民的新兴公共服务需求，构建公益性公共服务设施与商业性公共服务设施相结合的公共服务设施体系。

2.加强乡村振兴保障措施

（1）高度重视，加强领导

坚持党建引领乡村振兴，形成党委领导、政府负责、各部门齐抓共管的工作推进机制。健全市乡村振兴工作组织领导体系，成立乡村振兴推进领导小组和专项工作组，统筹领导乡村振兴战略各项工作。建立乡村建设推进计划并将其纳入综合考核，建立领导联系点挂钩推进机制，加强督促指导，协调解决问题。

（2）规划先行，加强衔接

准确把握乡村振兴的科学内涵，注重系统性、协调性，统筹谋划部署，加强各类专项规划的统筹管理和系统对接，形成城乡融合、区域一体、多规合一的规划体系。按照先规划后建设的原则，通盘考虑土地利用、产业发展、居民点布局、人居环境整治、生态保护和历史文化传承，编制多规合一的实用性村庄规划。

（3）集约利用，健全法制

全面推行"一户一宅"制度，加强农村低效用地整治，通过乡村土地置换，推动乡村人口向中心村集中，实现乡村土地集约化利用，达到保护耕地、改善农民生产生活条件的目的。相关部门应及时总结各地成熟的经验和做法，制定针对乡村土地置换的地方法律和政策，使乡村土地置换有法可依、有章可循。

（4）要素保障，试点先行

落实农业农村优先发展方针，进一步简政放权，建立稳定的人、财、物投入机制，确保财政资金、产业引导资金重点向乡村基础设施及社会事业、产业项目倾斜，用地指标优先保障移民安置及乡村建设条件成熟的项目。按照先行先试、以点促面、逐步推开的原则，在条件成熟的地区率先开展试点，制订具体行动方案，打造特色，创新机制，为面上推开提供可借鉴可复制的成功经验。

（5）优化人才，引育环境

大力培育"新农人"，全面提升乡村本土人才就业技能。完善人才培养合作与交流机制，建立城乡、区域、校地之间的人才培养合作与交流。深入推进新型职业农民培育与农民继续教育工程，建立教育培训、规范管理和政策扶持"三位一体"的新型职业农民培训体系，建立学历教育、技能培训、实践锻炼等多种方式并举的培养机制。创新人才管理激励举措强化留才机制，开辟高层次人才"一站式"服务通道，对引进的优秀人才配套相应的人才津贴等政策，并在政策咨询、社会保险、家属就业、子女入学等方面给予帮助和照顾。加大本土人才培养力度，强化资金支持、政策支持，落实免费创业培训、"一窗式"创业窗口服务、创业补贴、创业担保贷款等各项创业扶持举措，鼓励农民、大学生、电商经理人等在农村创新创业。

（6）优化制度，探索模式

深化农村土地制度改革，探索农村承包土地"三权"分置新模式。引导农村土地经营权有序流转，开展宅基地"三权"分置试点，探索开展全域乡村闲置校舍、厂房、废弃地等的整治，有序推进农村集体经营性建设用地入市改革。深化农村集体产权制度改革，探索赋予农民对集体资产股份占有、收益、有偿退出、抵押、担保、继承的6项权能。健全农村产权交易市场体系，完善农村产权流转交易管理制度，鼓励各地探索针对乡村产业的"点供"用地。完善农业股份合作制企业利润分配机制，推广"订单收购+分红""农民入股+保底收益+按股分红"等的模式。

（7）夯实基础，改善环境

统筹安排农村饮水安全工程、道路建设工程、污水垃圾处理工程以及教育、医疗、文化、体育等公共服务设施建设布局，重点推进农村道路、饮水安全、危房改造、电力和通信等工程。

（8）资金保障，创新机制

建立健全乡村振兴投入保障制度，创新投资融资机制，加快形成财政优先保障、金融重点倾斜、社会积极参与的乡村振兴建设多元投入机制。设立乡村振兴专项资金，严格实行专款专用；整合各级、各部门支农资金，更大力度向乡村振兴项目倾斜；推动国企与乡村振兴的对接关系，补全乡村振兴中的资金与项目缺口；完善农业支持保障制度，向涉农产业、企业、个体户、农民提供优惠和补贴。探索社会投入筹集机制，鼓励支持民营企业、社会团体、个人等社会力量，通过投资、捐助、认购、认建等形式，参与乡村振兴建设；积极推广乡村众筹模式，整合村民闲散资金，动员村民众筹设立乡村振兴发展基金，多渠道增加乡村振兴投入，缓解村级创建的资金压力。

（9）移民安置，保障先行

移民安置采取以城镇安置为主，农村安置为辅的安置方式。农村安置通过土地开发整理方式增加耕地，满足落户群众的耕作需求。安置住房建设项目用地指标需优先保障，占用耕地的在全省范围内统筹解决，以土地整治项目中新增耕地落实占补平衡。对易地重建原址具备复垦条件的，按要求纳入增减挂钩项目。

（10）动员参与，加强宣传

拓宽公众参与渠道，充分尊重农民意愿，对于村民关心的重大事项，通过设立村务公开栏、手机短信等多种形式进行发布。利用报纸杂志、电视广播等主流媒体加大对乡村振兴的宣传，及时总结提炼特色经验、先进典型、亮点工作。运用融媒体提高公众参与度，让社会公众通过法定程序和渠道参与到规划的实施和监督中来，倾力营造全社会协力推进乡村振兴的干事氛围。

第四节　自然资源保护利用

一、林地资源

1.现状概况

通过推进重点工程造林、社会造林和全民义务植树，以及依托"三北"工程造林、退耕还林、天然林保护工程、重点公益林管护，截至2020年，兰州新区累计营造公益林748.33 km²，其中，"三北"工程造林33.83 km²，退耕还林70.03 km²，天然林保护工程104.19 km²，重点公益林173.78 km²，其他林地366.50 km²。

2.保护与利用目标

重点保障自然保护地、南北两山、重点公益林等区域的森林资源，提高生态防护能力，增强森林生态系统的整体功能，实现林地面积基本稳定。

3.森林资源管控

重点加强北部、中东部山地保护，以保护原有植被为主，尤其是保护好天然林资源，规范开展森林生态旅游，提高生态产品供给质量。可适度开展低效林改造，提高林分质量，充分发挥森林生态效益。对于林地资源退化的区域以自然恢复为主，辅以必要的人工措施，分区分类开展生态系统修复。建设生态廊道、开展重要栖息地恢复和废弃地修复。

巩固提升南北两山生态绿化成效，改善生态环境，禁止在南北两山绿化规划建设范围进行项目建设，促进南北两山绿化可持续发展。

严格限制林地转为非林地。坚持集约节约利用林地，实行占用林地总量控制，严格执行林地占补平衡制度，确保林地保有量不减少；矿藏勘查、开采以及其他各类工程建设，应当不占或者少占林地。严格保护公益林，严禁擅自改变重点生态公益林的性质；严禁随意调整重点生态公益林地面积和范围；严格控制占用征收生态公益林地，确因国家和省级重点工程建设需要占用征收的，应按有关规定办理用地审核审批手续；保证林地保护等级和质量等级，严格控制各保护等级和各质量等级林地面积的比例，不得随意降低林地保护等级。在不破坏森林植被的前提下，可以合理利用其林地资源，适度开展林下种植养殖和森林游憩等非木质资源开发与利用，科学发展林下经济。

二、耕地资源

1. 现状概况

牢固树立新发展理念，实施乡村振兴战略，坚持最严格的耕地保护制度和最严格节约用地制度，落实"藏粮于地、藏粮于技"战略，以确保国家粮食安全和农产品质量安全为目标，加强耕地数量、质量、生态"三位一体"保护，严守耕地保护红线，为粮食安全提供保障。经过"三调"调查，兰州新区现有耕地资源499.56 km²，占总面积的17.56%，其中水浇地占耕地总面积的55.50%、旱地占44.50%。

2. 保护与利用目标

落实"合理利用土地、切实保护耕地"的基本国策，切实保护耕地资源，落实耕地保有量。一是在全省范围内平衡耕地保护目标和永久基本农田保护任务，二是通过未利用综合整治，建设高标准农田，实现耕地与基本农田保护任务的时空转换，化零为整、提质增量、改善生态。

3. 耕地资源管控

落实最严格的耕地保护制度，建立占用、开发、质量建设管理制度。

坚决制止耕地"非农化"行为，严禁违规占用耕地进行农村产业建设，防止耕地"非粮化"，杜绝造成耕地污染。落实耕地占补平衡，严格落实"先补后占""占优补优、占水田补水田"的要求，优先开垦本行政区域内耕地后备资源，落实耕地占补平衡。因占用耕地数量较大，确实无法在本行政区域内实现占补平衡的，以易地开发补充耕地方式，通过购买耕地储备指标落实耕地占补平衡。严禁违规占用耕地绿化造林、严禁超标准建设绿色通道、严禁违规占用耕地挖湖造景、严禁占用永久基本农田扩大自然保护地、严禁违规占用耕地从事非农建设、严禁违法违规批准用地。

耕地开发和质量建设。积极推进土地综合整治，加大高标准农田建设。加大中低产田改造力度，治理耕地污染，修复耕地土壤环境。对建设占用的优质耕地进行耕作层土壤剥离再利用，其主要用于新开垦耕地和中低产田改良、被污染耕地治理、矿区土地复垦等，以提高现有耕地和新增耕地的质量。

三、草地资源

1.现状概况

根据"三调"数据统计，兰州新区草地资源面积共 1849.18 km²，主要为其他草地，其占草地总面积的 96.11%，以干草原植被为主，分布区域较广，分布在区域内的黄土山梁区和黄土梁峁区；天然牧草地占草地总面积的 3.85%，分布在北部石质山地，以高山草甸植被为主。

2.保护与利用目标

抓住国家加强草原生态保护的重大历史机遇，按照"合理布局、加大投入、统筹发展、提质增效"的思路，用产业化的思维和循环经济的理念谋划草产业发展。以规模化、标准化、产业化为方向，以科技创新为动力，努力推动草产业健康发展，为保障生态安全、改善民生、确保草畜安全、推动经济社会持续发展发挥积极作用。

3.草地资源管控

保持北部高山草甸植被的建设，加强破坏草地的恢复，增加生物量，改善生态环境，提高生态质量。加强草原生态保护治理，开展沙化、退化草地治理，有效控制水土流失，稳步提高草原植被盖度，推进北侧山体防风固沙屏障建设。

遵循"共同抓好大保护，协同推进大治理"，以增强黄河流域生态系统稳定性为重点，立足黄土高原丘陵沟壑水土保持生态功能区建设，以小流域为单元综合治理水土流失，开展以多沙粗沙区为重点的水土保持和土地整治。坚持以水而定、量水而行、宜林则林、宜灌则灌、宜草则草、宜荒则荒，科学开展林草植被保护和建设，提高植被覆盖度。加快退化、沙化草场治理，有效控制水土流失，完善自然保护地体系建设并保护区域内生物多样性。

坚持保护与发展相结合的原则，实现动态持续管理，加强草原生态系统对干扰因素的响应及干扰后恢复机制等方面的研究，尤其是针对不同地区的草地进行差异化管理。

四、河湖水系

1.现状概况

黄河穿兰州新区南部什川镇而过，新区境内河湖水面面积较小。其他河流水系包括水阜河、三岔沟、东一干渠、东二干渠、西电东干渠、西电西干渠、西电总干渠等。目前，兰州新区境内有国家湿地公园1处（秦王川国家湿地公园），面积为2.44 km²。

2.保护与利用目标

保护黄河干支流水系、干渠及洪道等各类水体资源，开展洪沟整理、水土流失等治理工作，形成流域相济、多层循环、互联互通的水系脉络。严格管控各类污水排放、完善污水处理设施、促进地表水环境持续改善。

规划至2035年，水环境及水安全保障能力进一步提升，现代化防洪减灾体系基本建成，黄河干支流、干渠水安全风险得到全面管控。

3.河湖水系管控

加强河湖水面资源管控。保护黄河干流、支流、水库以及引大入秦干渠等蓝色空间，坚持保护与防治相结合。加强水域岸线生态空间管控，严禁非法侵占河道、水库等。

加强湿地资源利用管控。严格落实总量控制与限额使用、依法占用、占补平衡、生态补偿等湿地管理制度，确保兰州新区湿地面积不减少、质量不降低。建立湿地生态环境监测网络，监测湿地生态环境动态变化。

严格实施湿地总量控制。严格落实湿地占补平衡制度和湿地负面清单管理制度；禁止擅自征收、占用重要湿地以及自然湿地等水源涵养空间；禁止开（围）垦、填埋、排干湿地，永久性截断湿地水源，向湿地超标排放污染物等破坏湿地的行为。

切实维护湿地生态功能。推进实施湿地生态修复工程，采用自然恢复为主、自然恢复与人工修复相结合的方式，逐步提升湿地碳汇功能。

有序推进湿地生态功能建设。合理进行湿地植物栽植，增加彩叶及花灌木、地被植物，提高湿地的生物多样性；修建木栈道、休憩凉亭等基础设施，完善生态监测设施设备配套，提高湿地公园为人民服务的功能；贯彻人与自然和谐相处的理念，全面提高湿地保护、管理和合理利用水平。

第五节　国土整治修复

党的十八大将生态文明独立成篇，从优化国土空间开发格局、全面促进资源节约、加大自然生态系统和环境保护力度、加强生态文明制度建设四个方面阐述了生态文明建设战略任务。空间、资源、生态环境、制度四方面的高度涵盖性和综合性，为国土整治与生态修复在目标内容层面推动生态文明、美丽国土建设提供了指引和启发。新时代国土整治与生态修复战略计划的制定，将牢牢结合十九大报告描绘的新时代我国生态文明建设的宏伟蓝图和实现美丽中国的战略路径。"到2035年，生态环境根本好转，美丽中国目标基本实现"为国土整治与生态修复计划的制定提供了时间规划和引领。新时代国土整治与生态修复的原则，应与"尊重自然、顺应自然、保护自然"理念，"山水林田湖生命共同体整体保护、系统修复、综合治理"理念，"空间均衡"理念，"保护优先、自然恢复为主"理念牢牢结合。

2020年6月，国家发展改革委、自然资源部联合印发的《全国重要生态系统保护和修复重大工程总体规划（2021—2035年）》提出，国土整治与生态修复的"开发、利用、保护、治理"四位一体框架应在时代转型中不断优化，未来国土整治与生态修复将更关注消除或减弱开发利用中的限制因素，解决国土空间失衡、资源利用效率不高、生态环境被破坏等问题。无论是城市化地区的低效建设用地再开发，城市环境综合治理中滑坡、地裂、塌陷等地质灾害治理，还是农村地区的高标准基本农田建设和田水路林村综合治理与重要生态功能区水土保持、水源涵养、防风固沙等，国土综合整治对于区域范围内土地开发利用造成的国土空间、资源、生态环境的"负外部性"治理与灾害问题处置，其意义将更加彰显，并直接助力于国土承载力和适宜性的提升。

一、生态修复与环境治理

1.山水林田湖草综合治理修复

（1）综合治理修复方向和目标

实现生态系统平衡。按照"加快建设国家生态安全屏障综合试验区，落实主体功能区战略，促进生态保护与经济发展、民生改善相协调，推动绿色富省、绿色惠民和实现绿色发展、循环发展、低碳发展"的要求，全面整治国土生态系统中的突出问题，对生态系统进行修复，提高国土资源质量，维持生态系统平衡。

国土空间利用格局优化。根据国土资源系统整体性、系统性及其内在规律，针对各区域发展战略、资源禀赋、经济发展水平等实际情况，开展不同类型、模式的国土空间综合整治。统筹整治自然生态各要素、山上山下、地上地下以及流域上下游等各方面的国土资源，实现区域不同尺度下的格局优化，实现发展与保护的内在统一、相互促进。

（2）修复整治策略

落实"山水林田湖草是一个生命共同体"的系统理念，遵循保护优先、自然恢复为主的总要求，实施系统修复、综合治理，重点开展林地生态修复、矿山地质环境恢复治理、水生态保护修复、城乡建设用地整治和生态良田建设，提升北部山体防风固沙屏障作用，改善城乡生态环境和生产生活条件，提高兰州新区生态服务能力。

（3）修复整治工程与任务

实施低效林改造工程、公益林保护工程，促进林地生态修复；实施城镇工矿整治工程、农村建设用地整治工程，优化城乡用地结构和布局，提升利用效益；实施采石场等地质环境恢复治理工程，治理采空塌陷和土地损毁、污染，恢复生态系统功能；实施湿地修复工程，河道治理工程，饮用水源地保护工程，引大入秦干渠、西电干渠生态保护修复工程等，保护水源，提升水生态功能；实施高标准农田建设工程、农用地整治工程，打造生态良田，提升农田生态系统功能和农业生产能力。

2.重点生态修复工程项目

基于全区国土整治与生态系统服务现状，在对区域国土资源的开发利用问题、功能障碍问题、整治发展问题进行综合分析的基础上，识别全区生态保护和国土整治修复重点区域，明确整治修复的重点项目。首先根据全国第三次土地利用现状调查，划分兰州新区国土整治与生态修复空间重要区域——生态空间保育修复重点区域、农业空间修复整治重点区域、城镇空间修复整治重点区域；其次梳理针对生态、生产、生活空间需要进行保护、整治、修复的重点区，明确森林、草原、湿地等生态空间保护，高标准农田、宜耕未利用地、农村低效建设用地、农村人居环境等农业空间整治，城镇低效用地、矿山生态环境等城镇空间修复的提升方向；然后基于各类重点区域修复整治的紧迫性，确定全区整治修复重点项目以及重点措施，最后形成"重点区域+重点项目+重点措施"的整治修复模式。

（1）林草生态系统修复

森林保育修复重点区域主要为兰州新区北部防风林建设区、中部防护林建设区、南部经济林发展区。

兰州新区北部防风林建设区主要位于上川镇。该区域处于腾格里沙漠南部，有沙丘移动、风沙侵蚀现象存在，因此应继续加快实施林带建设工程、退耕还林工程，大力营造防风固沙林和绿洲防护林，保障绿洲安全。该区域目前确定的重点建设项目共5个，类型为防风固沙林工程、中幼龄林抚育工程、退化防护林修复工程。

兰州新区中部防护林建设区主要位于中川镇、秦川镇和西岔镇。该地区人类活动干扰较为强烈，生态本底需进一步巩固。基于此，该区在继续实施林地资源保护工程的基础上，应加强新一轮退耕还林工程、中幼龄林抚育工程、三北防护林建设工程的实施，对区域25°以上以及15°～25°水源涵养重要区的坡耕地实施退耕还林，加强新造林地管理和中幼龄林抚育，加快林木良种化进程，提高良种使用率和基地供种率，不断巩固退耕还林成果。

兰州新区南部经济林发展区主要位于水阜镇、什川镇等乡镇。该区域植被覆盖度高，多以天然林为主，生态本底较好。但区内仍存在过度放牧的现象，中幼龄林抚育难度较大。因此，应继续以实施天然林资源保护工程为主，进一步加强林业生态工程建设，并通过实行舍饲圈养和生态移民，逐步减少人为活动对森林资源的干扰破坏。加快推进建立祁连山生态补偿实验区，保护和恢复森林资源，增强水源涵养功能。同时加强林区基础设施建设，改善职工生产生活条件，逐步提高林区职工工资福利待遇。继续扎实推进工程建设，对工程区内的天然林和其他森林实行全面有效管护，加强公益林建设和后备森林资源培育。同时实施生物多样性保育工程，实施野生动植物保护及极小种群物种拯救工程。

（2）水生态综合治理

水生态修复治理。实施水生态治理及修复工程，保障河道生态需水量，恢复和增强水生态功能，实现水生态系统良性循环。加强石门沟水库等水源地恢复和保护，涵养城市水源；统筹推进水阜河、蔡家河和碱沟等黄河支流小流域综合治理，加强流域内水生态修复和河道建设，提高水系的连通性和水环境质量；保持秦川镇、西岔镇地下水点位水质稳定；加强黄河什川段沿岸河岸护堤、污水处理、绿化美化、湿地公园建设等工程，加强黄河生态治理和保护。

湿地生态系统保护修复。湿地生态系统保护修复区域位于秦王川国家湿地公园。秦王川国家湿地公园是全区重要的水源涵养提升区和城市发展区，区域内人类活动频繁，水资源需求量较大。通过对湿地及其生物多样性进行就地保护、污染控制、土地利用方式调整等方式的管理，使整个区域的生态系统朝着良性循环方向发展，最大限度地发挥湿地生态系统的各种功能和效益，实现资源的可持续利用。该区域应从岸境重塑、缓冲湿地、栖息地保护方面出发，继续加强湿地生态环境建设。在水源地及水源通道外围建设河流缓冲湿地，并在该地混合种植各种水生植物。当洪水期河流水位高于该湿地水位时，河水通过渠道流入缓冲湿地；当河流水位低于该湿地水位时，渠道阀门关闭，防止河水回流。加强动植物栖息地保护，严格保护现有鸟类赖以生存的湿地生态系统及动植物资源。群落植物选取主要从为栖息生物和迁徙鸟类提供庇护场所出发，营造湿地公园的生态隔离带。

（3）水土流失治理

由于兰州新区低丘岛梁坡度较大、植被覆盖度低、降雨不均衡，仅依靠自然作用很难做到生态恢复，应依法依规做好低丘缓坡地区的土地科学治理利用。

建设兰州—兰州新区—白银黄河中上游水土保持及生态修复示范区，创新黄土低丘缓坡生态脆弱区生态修复模式，开展山水林田湖草沙生态系统治理。采用工程机械平整全域地面起伏 50 m 左右的疏松的马兰黄土以及离石黄土上部土层；按照梯田形式平整地面起伏 50～100 m 的具有柱状节理和大孔隙结构的黄土区域；为防止山体滑坡、泥石流等自然灾害的发生，地面起伏 100 m 以上的黄土以原地形适当整理，并以人工绿化和构建景观地带的形式，为兰州新区及周边的生态环境提供防护，为黄河中上游黄土高原地区生态保护和绿色发展提供可借鉴、可复制的示范经验。

通过土地平整改变地形地貌，减少水土流失，增加土壤入渗，提高土壤的有效水含量，增强区域水资源利用效率，提升区域水分植被承载力，助力兰州新区植被的恢复与重建。强化固碳能力，进一步巩固水土流失治理成效，强化水土保持监管，提高生态建设管理能力。

（4）强化环境污染防治和修复治理

打赢打好蓝天、碧水、净土保卫战，统筹推进农业面源污染、工业污染、城乡生活污染防治和矿区生态环境综合整治，全面加强大气、水、土壤环境的整治和管控，加快构建现代环境治理体系。

1）实施大气污染综合管控。加强大气质量达标管理，实施分区域、分阶段大气污染治理。以绿色化工、先进装备制造、新材料、生物医药产业为重点，强化污染排放监管，确保排放企业全面达标。继续提升烟粉尘防治能力，深化施工扬尘管理，加强工业粉尘、颗粒物治理。严格落实企业排污许可制度，实施一批污染减排项目。完善区域大气环境监测系统，全面提升大气污染防治监管监测能力。优化能源结构，在工业、交通、建筑、生活等领域积极推广使用清洁能源。

2）全面推进水、土壤污染防治。加快实施污水处理设施系统工程，推进重点流域水生态治理项目建设。强化饮用水水源地环境保护，加快水源地规范化建设和周边环境综合整治。提高城镇污水处理能力和水平，实施污水处理厂的建设和提标改造，实现污水处理设施全覆盖，污水全收集、全处理。推进农村生活污水治理，建设雨污分流管网。依托污水厂建设中水厂，提升再生水利用能力，严格监管工业园区污水治理，加大重点企业废水治理力度，实现工业再生水 95% 回用率。

深入开展地力培肥及退化耕地治理，加强农业投入品质量监管，降低农业种植带来的土壤污染风险。推动工业固体废弃物由无害化向资源化利用转变。强化土壤污染重点监管，建立健全法规标准体系和监测网络，分类落实风险管控，推进土壤污染综合整治。

3）强化垃圾、噪声等环境治理和风险防范。全面推进垃圾无害化、减量化和资源化处置，加快全域垃圾分类处理和餐厨垃圾、生物垃圾等资源化利用。加强噪声污染防治，严控工业、建筑施工和机场等噪声，降低噪声污染影响。健全危险废物环境预警监管体系，建设危险废物处置中心，实现危险化学品、医疗废弃物等全过程管理和无害化处置。建立完善固体废物管理制度，实施固体废物排污许可管理。规划到2035年，垃圾无害化处理率达到100%。

4）切实做好地质灾害防治，保障人民生命、财产安全。针对地质灾害进行分类治理，坚持主动防灾避险，加快推进地质灾害隐患治理。兰州新区黄土湿陷较严重，黄土的易损性大，碱沟等小流域沟道以0.5 m/a的速度坍塌，对新区201国道的道路边坡有较大影响。对兰州新区地质灾害多发地什川镇、黑石镇、西岔镇、水阜镇、石洞镇、中川镇、上川镇等地的63处地质灾害隐患点进行综合治理（滑坡15处，崩塌5处，不稳定斜坡28处，泥石流15处），确保按期完成并做好后期防护。按照固定监测与流动监测相结合、传统监测与现代监测相结合、专业监测与业余监测相结合的"三结合"方针，对主要地质灾害进行全方位、多角度监测预警。

5）有序推进矿山生态环境修复。按照"宜耕则耕、宜林则林、宜草则草"的原则，分类别、分矿种差别化推进矿山地质环境保护与恢复治理，推进历史遗留无主矿山和废弃矿山的复垦复绿。消除安全隐患，全面开展矿地综合开发利用，优化配置土地资源。改善矿山采矿方式，严格控制"三废"排放，防止生态破坏、环境污染和地质灾害发生。尤其对因采集石材、水泥原料、建筑砂石料等造成的生态环境影响，更要加强监测和治理，完善并严格实施矿山地质环境评价，主动接受上级主管部门的年度检查和审核。

二、国土综合整治

1.国土综合整治目标

按照"加快构建生态功能保障基线、环境质量安全底线、自然资源利用上线三大红线"的国土空间治理思想，恢复和提升生态服务功能，开展退化和受污染生态环境的修复，合理利用自然资源，提升自然资源利用效率。

①恢复和提升生态服务功能，需要定量化分析水土流失、防风固沙、生物多样性等的重要性和区域的受损程度。

②开展退化和受污染生态环境的修复，需要分析水体污染、土壤污染、大气污染等的程度及其对人居环境的影响。

③合理利用和提升自然资源利用效率，需要定量化研究矿山地质环境，退化和损毁

土地复垦和利用，森林、草地质量和提升空间，农用地整治潜力，农村居民点整治潜力，城镇低效用地整治潜力等。

结合兰州新区实际情况及当前亟待解决的问题，需全面推进兰州新区的国土综合整治与生态修复规划，主要任务有：

①大力开展人工造林、封山育林，实施北部防护林带工程，构筑北部绿色生态屏障。

②加快实施城区绿化工程，提高绿化覆盖率和公共绿地率。

③通过开展小流域治理，减少水土流失、地质灾害等生态环境问题。

④全面推进土地综合整治，大规模开展高标准农田建设，改造中低产田地，完善农业基础配套设施，提高农业生产能力；对宜耕后备土地资源进行开发，实现耕地占补平衡。

⑤加快推进城区河道修复治理，对碱沟、水阜河和蔡家河黄河支流段进行水环境治理，全面提升城市生态公园建设品质。

⑥推进农村居民点拆旧复垦，促进建设用地节约集约利用。

⑦全面推动兰州新区城镇低效用地的再开发、再利用，充分盘活区域内存量用地。

⑧对全区关闭及废弃矿山因地制宜进行复垦、复绿，恢复受损地貌，改善矿山生态环境。

2.探索未利用地统筹转化

考虑兰州新区区域地形和土地开发潜力，平整土地，建立配套的渠系和灌溉系统，形成土地资源和水资源协同开发模式，建设规模化的高标准农田。在保有核定的粮食面积的前提下，加快引水系统和渠系建设，提高雨洪资源利用，为发展现代农业提供水利资源。

综合考虑资源承载力、可持续发展及生态功能稳定性等，立足保障主要农产品供给和生态安全，以未利用地"坡改台（梯）"为主，分类分区统筹农业发展与水土流失治理。以 $200\sim500$ hm² 为基本单元，将高差 100 m 以下的未利用地改造为 $2°\sim6°$ 的平台地（梯田）。普及保水节水技术，推进现代化旱作农业建设。将重点开发区域内零散分布的农用地、旱砂地与未利用地同步进行提质扩面，促进区域内耕地集中连片。以此为基础，积极推进农业基础设施和农田水利设施建设，完善农田泵站沟渠、土地平整、机耕道路工程建设，提升灌溉、排水和降渍能力，全面提高农用地基本生产能力，稳定粮食和蔬菜等主要农产品的生产空间。

3.农业空间整治

（1）扎实推进高标准基本农田建设

以提升农业综合生产能力为主线，以永久基本农田保护区、粮食生产功能区和重要农产品生产保护区为重点，按照统筹规划、统一标准、分工协作、集中投入、连片推进的思路，大力推进兰州新区高标准基本农田建设，改善农业生产条件，提高耕地质量，增强农田抗灾减灾能力。分区域推进高标准农田建设，灌溉农业区以节水灌溉和地力培育为建设重点。加大投入力度，提高建设标准，充实建设内容，从田、土、水、路、林、电、技、管等方面综合配套建设。加强建后管护，高标准农田建成后要按时、全面、真实、准确上图入库，确保国家藏粮于地战略部署落地。建立健全管护制度，确定管护主体，细化管护责任，落实管护资金，签订管护合同。实施耕地质量保护与提升行动，多措并举不断提升耕地质量。建立健全耕地休养生息制度，稳步实现用养结合、永续利用。规划至2035年，兰州新区基本农田保护红线的面积不小于原任务的350 km²。

（2）逐步提升耕地数量与质量

着力加强耕地整理，增加有效耕地面积，提高耕地质量等级，优化耕地布局，提高土地利用效率，改善农业生产条件，夯实农业现代化发展基础。以高标准农田建设与整治为重点，有力推动耕地保护和节约集约用地，全面推进土地整治工作，促进城乡统筹发展和生态文明建设。划定永久基本农田保护区，实行特殊保护，努力补充优质耕地，全力推进耕地质量提升行动。规划至2035年，兰州新区耕地保有量不低于原保护任务的462.65 km²。

（3）科学合理补充耕地

补充耕地以农用地整治和土地复垦为主，严格控制宜耕后备土地大面积开发。农用地整治不能只强调增加有效耕地的数量，要积极提高耕地质量，可通过实施耕地层的剥离再利用，提高补充耕地的质量。积极推进废旧和损毁土地复垦还耕，恢复耕地生产功能。根据耕地后备资源数据结合兰州新区水土流失治理成效，规划至2035年完成耕地面积补充。

（4）实施损毁土地复垦

落实生态文明建设要求，切实加强土地修复和土地生态建设。对生产建设活动损毁土地、自然灾害损毁土地进行及时全面复垦。

1）复垦生产建设活动损毁土地。能源、交通、水利等基础设施建设和其他生产建设活动临时占用损毁的土地，按照"谁损毁，谁复垦"的原则，由生产建设单位或者个人及时对损毁土地进行复垦，能够复垦为耕地的，优先复垦为耕地，复垦的土地要优先用于农业。对生产建设活动损毁土地的规模、程度和复垦过程中土地复垦工程质量、土地复垦效果等实施全程控制，并对验收合格后的复垦土地采取管护措施，保证土地复垦效果。

2）复垦自然灾害损毁土地。开展自然灾害损毁土地调查评估，合理确定土地恢复治理的方向、规模和时序，有针对性地采取生物、工程等措施，积极实施土地复垦工程，减少耕地流失数量。鼓励农户和土地权利人对灾毁程度较轻的土地进行自行复垦。严重、损毁面积较大的区域，结合生态环境建设和生态农业发展，充分尊重当地群众意愿，因地制宜组织复垦。

（5）积极开展农村建设用地土地整治

编制村庄规划，合理安排耕地保护、农村经济发展、村庄建设、环境整治、生态保护、基础设施建设与社会事业发展等各项用地。加强农村建设用地管理，逐步解决宅基地布局散乱和超标准用地问题，控制农村居民点用地规模，优化用地布局和用地结构，提高农村建设用地利用效率。落实严格的节约用地制度，稳妥规范推进农村建设用地整理，提升农村土地利用的效率。加大废旧宅基地复垦力度，规范开展城乡建设用地增减挂钩。结合村容村貌整治和新农村建设，优化农村建设用地格局，改善基础设施。降低经济增长对土地资源的过度消耗，逐步提高土地节约集约利用水平。以国土空间综合整治为切入点，推进生产、生活、生态空间重构，改变农村建设用地利用形态，盘活乡村土地资源，兼顾保护村庄传统风貌、传承乡土文化、延续聚落肌理，维护乡村独特的魅力，提升乡村地域生态功能和文化功能。规划至2035年，兰州新区农村废旧宅基地复垦量达到1840 hm²。

（6）改善村庄人居环境整治

提高农田林网绿化率，开展四旁绿化、村庄绿化、庭院绿化等增绿行动，推进外立面美化、线杆美化、道路美化、宅旁美化和公共空间美化。完善农村基础设施与公共服务设施，集中整治农村环境脏乱差问题。加大农村生活垃圾和生活污水治理力度，推进"厕所革命"，逐步消除农村黑臭水体。逐步改善农用地生产环境，推广使用绿肥种植，提升秸秆和畜禽粪便处理利用率，提高乡村可持续发展能力。加强小流域国土空间生态综合治理，积极开展堤岸防护、坡面防护、沟道治理等水土保持工程建设，增强农田抵御自然灾害的能力。

4.城镇空间整治

（1）提高建设用地集约水平

大力推进城镇低效用地再开发，减少对农用地特别是耕地的占用，盘活低效存量用地，释放出有效的用地空间，满足发展的用地需求。加强新增建设用地审批和供应管理，逐步推进兰州新区国土空间市场和国土空间管理一体化，促进现有城镇低效用地改造，提高国土空间集约利用水平。重点加大旧厂矿改造力度，促进单位、企业加强工业用地使用监管，严格落实闲置土地处置办法，防止土地闲置、低效和不合理利用。规划至2035年，积极推进城镇建设用地整理，组织落实全区城镇低效用地规模57 hm²。

（2）加大城镇人居环境建设

促进城镇区居民点相对集中，引导偏远地区农村零散居民点适度集中，优化居民点内部用地结构，有效控制村庄无序蔓延。加强基础设施与公共服务等方面的统一规划，建设村级组织活动场所，改善农村居住环境，实现以人为中心的城镇化，提供均等化的公共服务。推进老城区保护改造，完善市政基础设施，保护历史文化建筑和街区，优化教育医疗等公共服务设施布局，有效改善城镇生活居住环境，从而提升城镇化质量，使城市更加和谐宜居、富有活力。

（3）提升城市蓝绿空间品质

统筹蓝绿空间系统的结构和空间布局，结合自然山水格局保护修复、生态安全保障、生态多样性保护、休闲游憩服务、文化和景观风貌塑造、灾害防治和安全防护隔离等需求，协调布局城市建设用地。加大城市蓝绿空间基本骨架建设，着重建设结构清晰、功能完善的城市蓝绿网络与开敞空间，构建配置合理、服务高效的高水准公共空间与游憩体系。保障绿地空间和水系空间作为城市子系统的系统性和完整性，统筹水系空间与绿地空间在生态、景观、游憩等功能的叠加效应，提升城市环境风貌，提高城市蓝绿生态空间品质。

5.工矿空间整治

（1）废弃工矿地整治

对损毁的国土空间实施复垦，改善矿区生态环境。坚持以保护优先、自然恢复为主，在加强退化国土空间生态环境建设和生态功能区保护的基础上，结合退耕还林、退牧还草，推进国土空间生态环境综合整治，提高退化国土空间生态系统的自我修复能力，增强其防灾减灾能力。

（2）矿山地质环境保护、预防与治理分区

严格实行矿产资源开发利用方案和矿山地质环境保护与治理恢复方案、土地复垦方案同步编制、同步审查、同步实施的"三同时"制度和社会公示制度，树立矿山开发利用和生态恢复治理的样板，并在全区范围内推广。加大监督执法力度，全面排查整治矿产资源违规开发造成的生态破坏问题，全面落实矿山地质环境恢复和综合治理责任，推动建立矿业权人履行保护和治理恢复矿山地质环境法定义务的约束机制。

（3）新建矿山的生态环境保护和准入条件

禁止新建对生态环境产生不可恢复的破坏性影响的矿产资源开采项目；禁止开采可耕地砖瓦用黏土；严格执行新建（改扩建）矿山地质环境影响评价制度；矿产资源开发利用必须制定矿山地质环境保护与恢复治理方案和土地复垦方案，采矿权申请人未编制方案或方案不符合要求的必须补正，否则，不予受理采矿权申请。

要将矿山地质环境保护与恢复治理目标、矿区土地复垦任务完成情况纳入矿山企业年检重要内容，没有完成土地复垦任务的或没有依法交纳土地复垦费的矿山企业不予通过年检。加强管控矿山生产过程中对环境造成的影响，对严重破坏矿山地质环境的矿山企业，责令其限期整改，逾期整改不达标的予以关闭。规划至2035年，逐步建立1～2个重点矿山地质环境监测点，并适时开展矿山地质环境变化调查。

第六节 城乡风貌塑造

一、城乡风貌格局搭建

1.特色风貌定位

展现黄土高原独特的自然禀赋，打造多元文化包容的兰州新区面貌，塑造区域未来开放的、高科技的、风尚引领的城市界面，形成"一河连脉·四水贯城·一环绕川·六区绽彩·多心辉映"的总体风貌（图6-20）。

一河连脉——汇聚黄河多元文化的特色轴带。

四水贯城——城水融汇的滨水空间。

一环绕川——观山通川的城市绿环。

六区绽彩——传统与现代文化交融的特色风貌。

多心辉映——激发区域活力的生态节点。

2.特色风貌分区

依据全域地貌特征，将全域划分为盆地城镇风貌区、河谷城镇风貌区、山地特色风貌区、盆地田园风貌区、梁卯田园风貌区、黄河风情风貌区六个风貌片区（图6-21）。

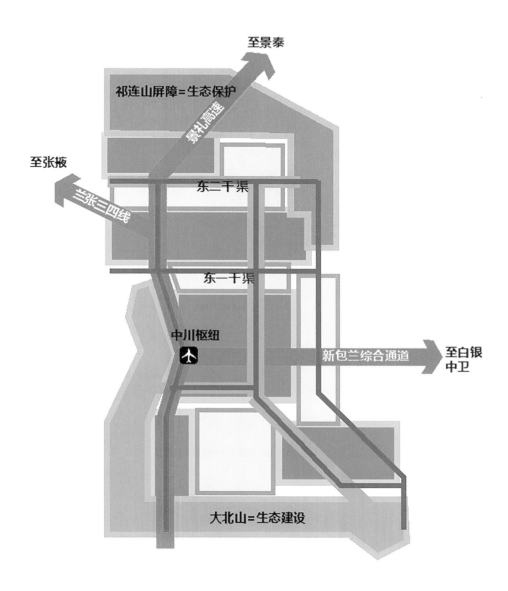

图6-20　兰州新区总体风貌框架构建示意图

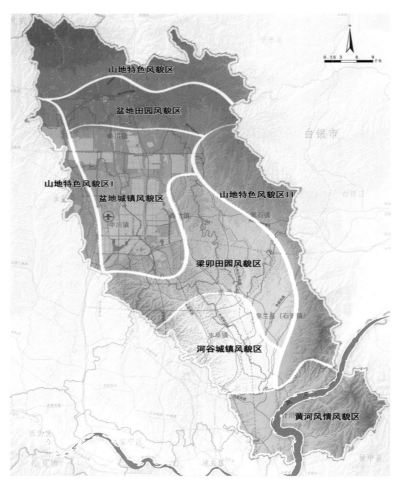

图6-21   兰州新区特色风貌分区示意图

注：该图基于甘肃省标准地图在线服务系统审图号为甘S（2021）91号的标准地图制作，底图无修改。

盆地城镇风貌区、河谷城镇风貌区，应根据各自特色及功能区，结合总体城市设计划定城市设计重点控制区，确定不同片区城市空间特色、建筑形态、色彩等，明确开放空间与设施品质提升的措施，分区域进行严格管控。

山地特色风貌区，应结合自然山水格局，注重自然景观、地形地貌的保护，突出营造全域全要素的风貌特色。

盆地田园风貌区，应以生态环境保护与田园景观塑造为主，并处理好生态、农业和城镇的空间关系。大力发展蔬菜、瓜果、花卉、中药等种植业，推动农业生产的设施化、规模化、产业化和集约化，提升旱作农业科技水平，加快构建数字化、网络化、智能化的现代产业体系、生产体系和经营体系。

梁卯田园风貌区，应以改善生态环境为目标，在保障生态安全的前提下，通过平整低丘缓坡荒滩等未利用地，打造梁卯田园风貌。可安排少量移民安置等建设活动，最终形成生态效益、经济效益、社会效益多赢的局面。

黄河风情风貌区，应结合黄河上游城市高质量发展和生态修复，塑造黄河沿线山水生态大格局。可组织慢行系统、游览线路等公共活动通道，打造充满魅力的黄河风情风貌区。

二、历史文化保护指引

全面保护区域内历史文化资源，构建包括"世界第一古梨园"、文物保护单位、历史建筑、古树名木、非物质文化遗产等在内的历史文化保护体系。深入挖掘"丝路驿城""梨花之都""中国民间文化艺术之乡"的文化内涵，推进文化资源优势向产业发展优势的转变。

1.重点保护内容

（1）物质文化遗产

1）什川古梨园。保护"世界第一古梨园"——什川古梨园，划定核心保护区和生态保育区对其进行严格管理。

2）文物保护单位。区域内文物保护单位以古遗址和古墓葬为主，兰州新区规划核心区内有5处国家级文物保护单位，核心区外有1处省级文物保护单位、13处县级文物保护单位。将规划核心区内5处国家级文物保护单位（烽火台）的保护范围优化为：以台体底部外缘为基线，四周各向外扩50 m或扩至周边稳定自然界面。其建设控制地带为：以保护范围四周边界各向外扩100 m或扩至周边稳定自然界面。规划核心区外省级文物保护单位、县级文物保护单位及一般文物保护单位的保护范围及建设控制地带在乡镇国土空间规划中统筹划定。

3）尚未列入文物保护单位的不可移动文物。兰州新区规划核心区内共有5处尚未列入文物保护单位的不可移动文物。其中4处堡子的保护范围均为以四周围墙底部外缘为基线，四周各向外扩10 m。其建设控制地带均为以保护范围四周边界各向外扩30 m。1处古遗址（东湾山遗址）的保护范围为北至现保护区围栏北端东湾山保护区石碑处，南至南侧围栏外第一个水塔处，东西边界为现有围栏范围。其建设控制地带为以保护范围四周边界各向外扩100 m（表6-4）。

表6-4 兰州新区物质文化遗产一览表

序号	级别	名称	所在区域	类别	所属朝代/时代
1	国家级重点 文物保护单位	许家庄子烽火台	西岔镇	古遗址	明代
2		东深沟烽火台	西岔镇	古遗址	明代
3		秦家沟烽火台	西岔镇	古遗址	明代
4		大墩沟烽火台	西岔镇	古遗址	明代
5		尖尖墩烽火台	西岔镇	古遗址	明代
6	省级文物保护单位	魏家庄墓群	石洞镇	古墓葬	新石器时代
7	县级文物 保护单位	阳洼窑墓群	西岔镇	古墓葬	新石器时代
8		高岭子烽火台遗址	水阜镇	古遗址	明代
9		黑石李恒山神道碑	黑石镇	石窟寺及石刻	清代
10		黑石李氏墓群	黑石镇	古墓葬	清代
11		寺沟南湾一号喇嘛墓群	黑石镇	古墓葬	清代
12		寺沟南湾三号喇嘛墓群	黑石镇	古墓葬	清代
13		长川王维杰墓碑	水阜镇	石窟寺及石刻	清代
14		谷地沟墓群	水阜镇	古墓葬	新石器时代
15		定火城城址	水阜镇	古遗址	明代
16		高岭子烽火台遗址	水阜镇	古遗址	明代
17		脑脉岔杨氏墓群	石洞镇	古墓葬	明代
18		脑脉岔遗址	石洞镇	古墓葬	新石器时代
19		石洞寺石窟	石洞镇	石窟寺及石刻	清代
20	尚未列入文物保护 单位的不可 移动文物	朱家堡子	西岔镇	古遗址	清代
21		铧尖堡子	西岔镇	古遗址	清代
22		东湾山遗址	中川镇	古墓葬	清代
23		邓家堡子	秦川镇	古遗址	清代
24		廖家堡子	秦川镇	古遗址	清代
25	中国重要 农业文化遗产	什川古梨园	什川镇	农业文化遗产	—

（2）非物质文化遗产

保护和传承太平鼓、兰州鼓子、兰州"天把式"、皋兰曲子戏、什川灯火等非物质文化遗产。制定保护措施，完善传承机制，实现传承人保护制度化、规范化。建设非物质文化遗产传习所，鼓励代表性传承人授徒传艺。推动非物质文化遗产保护与市场经济相结合，促进非物质文化遗产项目与旅游、演艺、会展等方式相结合（表6-5）。

表6-5 兰州新区非物质文化遗产一览表

序号	级别	名称	所在区域	类别	确立时间
1	国家级	兰州太平鼓	兰州市	民间舞蹈	2006年
2		兰州鼓子	兰州市	曲艺	2006年
3	省级	兰州"天把式"	皋兰县	民俗	2008年
4		皋兰曲子戏	皋兰县	传统戏剧	2017年
5		什川灯火	皋兰县	民俗	2017年

2.保护要求

重视文物保护，正确处理经济建设、社会发展与文物保护的关系，确保不可移动文物的安全。制定本区域内一般不可移动文物保护管理办法，采取有效措施切实改善一般不可移动文物保护状况，加强一般不可移动文物精细化管理制度建设。

各级文物保护单位，分别由省（自治区、直辖市）人民政府和市、县级人民政府划定必要的保护范围，作出标志说明，建立记录档案，并分情况设置专门机构或者安排专人负责管理。全国重点文物保护单位的保护范围和记录档案，由省（自治区、直辖市）人民政府文物行政部门报国务院文物行政部门备案。

县级以上地方人民政府文物行政部门应当根据不同文物的保护需要，制定文物保护单位和未核定为文物保护单位的不可移动文物的具体保护措施，并公告施行。

各级人民政府制定城乡建设规划时，应当根据文物保护的需要，事先由城乡建设规划部门会同文物行政部门商定对本行政区域内各级文物保护单位的保护措施，并将保护措施纳入规划。

不得在文物保护单位的保护范围内进行其他建设工程或者爆破、钻探、挖掘等作业。但如因特殊情况确需以上工程作业的，必须保证文物保护单位的安全，并经核定公布该文物保护单位的人民政府批准，且在批准前应当征得上一级人民政府文物行政部门同意。在全国重点文物保护单位的保护范围内进行其他建设工程或者爆破、钻探、挖掘等作业的，必须经省（自治区、直辖市）人民政府批准，且在批准前应当征得国务院文物行政部门同意。

在文物保护单位的建设控制地带内进行建设工程时，不得破坏文物保护单位的历史风貌。工程设计方案应当根据文物保护单位的级别，经相应的文物行政部门同意后，报城乡建设规划部门批准。

在文物保护单位的保护范围和建设控制地带内，不得建设污染文物保护单位及其环境的设施，不得进行可能影响文物保护单位安全及其环境的活动。对已有的污染文物保护单位及其环境的设施，应当限期治理。

建设工程选址应当尽可能避开不可移动文物，因特殊情况不能避开的，对文物保护单位应当尽可能实施原址保护。

三、城市空间设计引导

1.总体风貌格局

统筹兰州新区各类空间资源和生态人文要素，形成"蓝绿交织·疏密有度·三生共融"的城乡空间新格局。突出城市风貌特色，形成"溪台成川·上下图变·双廊串珠·聚核强心·多格线面·循序塑点"的总体风貌格局。

①溪台成川。溪台成川是利用内部水系、台地及市政三条生态廊道形成"川"字形的自然态势，奠定大生态格局。

②上下图变。上下图变是将空间格局分为东西两部分。西侧路网呈棋盘式形态，因受机场净空等因素影响，整体上呈现规整、厚重的形态样貌；东侧路网整体为正南正北棋盘式路网格局，部分道路因山就势，结合用地功能呈现自由灵活的形态样貌。

③双廊串珠。双廊串珠是指景观廊道与特色功能廊道，串联不同功能组团及公共服务中心，呈现不同特色的公共建筑群及景观风貌空间。

④聚核强心。聚核强心是指打造兰州新区未来的强中心以及各个功能组团的核心，是展现兰州新区城市风貌特色的重点地区。

⑤多格线面。多格线面是指依托"板块拼接"的城市功能布局形式，打造不同风格的功能组团，同时塑造特色街道空间，进一步提升城市风貌。

⑥循序塑点。循序塑点是指按照不同的空间秩序塑造不同特色的节点，形成人们感知城市特色、城市文脉的区域。

2.开发强度分区

结合机场限高要求，综合不同组团的功能，针对对区域内建筑的基本尺度要求，将兰州新区城区建设用地开发强度按五级进行分类，其分别为开发强度Ⅰ区、Ⅱ区、Ⅲ区、Ⅳ区、Ⅴ区。区域内整体以中等强度开发为主，基准建筑高度为60 m，新建建筑最高不宜超过100 m，新建住宅建筑不宜超过80 m。

1）开发强度Ⅰ区。开发强度Ⅰ区为高强度开发地区，建筑高度大于100 m，主要分布于区域服务中心。高强度开发区局部可建设标志性建筑，形成城市天际线，控制容积率<5.0。

2）开发强度Ⅱ区。开发强度Ⅱ区为中高强度开发地区，建筑高度为60～100 m，主要分布于高强度开发区周边地区，包括职教园区、文化休闲组团等。中高强度开发地区形成中心城区高低起伏的城市天际线，塑造尺度宜人的城市整体风貌，控制容积率≤4.0。

3）开发强度Ⅲ区。开发强度Ⅲ区为中等强度开发地区，建筑高度为24～60 m，主要分布于行政文化中心、机场南等区域。中等强度开发地区奠定基准建筑高度，打造整体舒缓的城市基底风貌，控制容积率≤3.0。

4）开发强度Ⅳ区。开发强度Ⅳ区为中低强度开发地区，建筑高度小于24 m，主要分布于机场周边、石化产业片区、精细化工园区、北部综合产业片区等，或城市开敞空间周边的建筑高度控制区域，以及视线通廊控制范围内。中低强度开发地区打造宜人的城市风貌，控制容积率≤2.0。

5）开发强度Ⅴ区。开发强度Ⅴ区为开发强度严格控制区域，主要分布于文物保护单位保护范围及建设控制地带内。严格控制区建筑按照历史文化保护的相关要求进行严格管控，应考虑保护文物的景观视线，保证在视觉和空间上不被影响，控制容积率≤1.0。

3.景观瞭望系统

结合兰州新区景观特质，构建秦王川国家湿地公园、二号湖、文曲湖、如意湖、区域服务中心、机场、兰州新区站、皋兰核心景观、历史文化保护廊道9个一级山水景观视廊，行政服务中心、映月湖、灵曦湖、片区公园广场、高铁南站、产业物流景观、科教文化景观、生活配套景观、各镇核心景观等多个二级山水景观视廊。山水景观视廊应重点管控近景建筑高度，确保与周边环境相协调，保证开阔水面的完整性，组织好中景、远景建筑群的轮廓线，使之与山水环境相协调。

四、乡村空间形态控制

1.村落风貌控制

结合区域村庄平地密集、山区稀疏、沿道沿川分布的空间布局形态，尊重村民生产生活习惯，将村落分为公共空间、生活空间、生产空间三类。原则上应保护原有的村落肌理，提倡组团式布局，以完善公共服务设施与基础设施为主，整体上与城镇发展区相协调，展现陇中乡土文化厚重质朴的特征。

1）公共空间。公共空间是城乡生活圈公共设施完善的重点空间。其风貌以公共建筑、公共环境建设为主，尊重村民活动习惯，以陇中乡土文化为主导，完善重要界面控制、路径组织、标志塑造、设施配置、标识系统与植物配置等。

2）生活空间。生活空间以民居建筑为主要管控引导要素，结合现代设计手法，综合考虑符合居民生活需求的实际功能与建筑空间，空间组合以院落式或院落式与连续单栋建筑结合的形式为主，以中尺度、小尺度建筑为基底，通过建筑形体凹凸变化、材质搭配、局部构建点缀、色彩组合等形式进行建筑风貌管控。整体建筑高度应小于12 m；单坡为主、单双坡屋面组合为辅；主导色为雅灰、白色、暖黄；灰蓝、雅黑、暖褐为辅助色，其占单体立面面积的20%以下；点缀色可选用传统色朱红、明黄等，其占单体立面面积的10%以下；立面材料以面砖、涂料、红褐瓦为主，辅助材料选用石材、木材、玻璃。

3）生产空间。生产空间以水利设施、基础厂房等为核心管控要素。生产空间的风貌应与村落整体风貌相协调，鼓励使用乡土材料，不宜大面积使用与其色彩、形式不协调的塑料、金属等材料。

2.田园风貌塑造

以修复生态本底为基础，融合乡土文化，构建"陇中田园"。通过沟岔状耕地与未利用地整治，以整合后的大面积的、连续的农田为肌理，分区分类进行农作物品类与种植形式的引导，形成丰富的风貌界面。

精品展示区：以基本农田为主，种植陇中特产农产品和新型农产品，形成现代化农业展示区。

魅力彩画区：间隔种植色彩鲜亮的农作物，形成特色魅力农田彩画。

蔬菜种植区：大面积种植高原夏菜，形成规模化蔬菜基地。

花卉种植区：以马鞭草、向日葵、油菜花等当地观赏价值高的作物种植为主。

瓜果采摘区：种植有地域农产品品牌的白凤桃、白兰瓜等，提供采摘体验。

第七节　市政基础设施

一、城乡市政设施保障

1.供水系统

（1）现状概况

兰州新区规划区给水水源为引大入秦工程。截至2020年，已建成尖山庙水库、石门沟水库群和山字墩水库。尖山庙水库主要作为农业灌溉用水水源，山字墩水库为皋兰县城供水水源。

规划核心区。截至2020年，兰州新区已完成第一给水厂一期、二期项目的建设。其中，一期工程供水规模为6万 m³/d（城市供水规模为4万 m³/d，工业供水规模为2万 m³/d），二期工程供水规模为14万 m³/d，第一给水厂一、二期总供水规模达到20万 m³/d。

规划协调区。2020年，皋兰县城已建自来水厂一座，位于东环路西侧，北辰路东侧，县城汽车站北侧，占地面积约4.79 hm²，现状供水规模为1 m³/d。另建有黑石水厂、崖川水厂、忠和水厂分别向皋兰县各乡镇供水。

（2）规划目标

规划至2025年，城镇集中供水普及率达到97%，工业用水重复利用率达到90%以上，公共供水管网漏损率控制到10%以内。

规划至2035年，城镇集中供水普及率达到100%，工业用水重复利用率达到95%以上，公共供水管网漏损率控制到8%以内。同时，保障农村自来水普及率达到100%。

（3）供水工程规划

以引大入秦工程为主要水源，中远期规划建设南水北调西线工程兰州新区配套工程，将其作为兰州新区第二水源，实现双水源供水。对引大入秦工程管网采用封闭及保温措施，提高其供水能力。新建应急备用水源，保障供水安全。

规划核心区。扩建兰州新区第一水厂，总供水规模达到30万 m³/d；规划新建新区第三水厂，以引大入秦工程为水源，供水规模达到20万 m³/d；规划新建新区第二水厂，以规划建设的南水北调西线工程兰州新区配套工程为水源，供水规模达到60万 m³/d。

规划协调区。保留扩建2座水厂，新建黑石水厂，扩建皋兰水厂，规划新建水阜水厂。

规划水厂根据用水需求分期建设，并为供水规模扩建充分预留建设用地。

2.雨水工程规划

（1）现状概况

兰州新区规划核心区雨水排放通道包括东排洪渠、雨水中通道和西排洪渠。雨水中通道一期、二期已建成，三期在建。西排洪渠的精细化工园区区域已建成，但体系未形成，尚不具备行洪能力。现状建成道路下均敷设有雨水管网，但由于部分雨水管网因征地等原因暂未建设，另排洪系统尚未健全，无法形成完善的排水系统，再有部分雨水排出口没有受纳水体，部分水体排水无出路。

（2）规划目标

兰州新区全域排水体制采用雨污分流制。充分利用地形，使雨水尽量以重力流排入水体中。加强城市雨水管网、排洪渠、雨水调蓄区（库）和泵站等工程建设，实现建成区雨水系统全覆盖。雨水管渠设计重现期一般地区采用2～3年，重点地区采用3～5年，地下通道和下沉式广场设计重现期采用10～20年。规划核心区年径流总量控制率不低于85%，规划区综合径流系数不超过0.55。

（3）雨水工程规划

加快东、西排洪渠等雨水收纳、排出系统建设，完善规划核心区现有雨水管道系统，按标准新建雨水管道。结合城市建设时序，雨水工程建设应与道路建设同步。

3.污水工程规划

（1）现状概况

截至2020年，兰州新区规划区已建污水处理厂5座，其中，规划核心区3座，分别为第一污水处理厂、第四污水处理厂及精细化工污水处理厂，规划协调区2座，分别为黑石污水处理厂与皋兰污水处理厂。

（2）规划目标

稳步推进全域污水处理提质增效工作，提高污水收集和处理能力。规划至2035年，全面建成较为完善的城乡污水处理排放系统，完善污水处理设施和污水收集管网建设。

（3）污水工程规划

规划核心区。规划至2035年，兰州新区核心区保留扩建3座污水处理厂，新建3座污水处理厂，污水处理总规模达到81万t/d，污水收集处理率达到100%。其中，扩建精细化工园区污水处理厂，处理污水规模达到21万t/d；扩建第一、第四污水处理厂，处理污水规模均达到8万t/d；新建第二污水处理厂，处理污水规模达到5万t/d；新建第三污水处理厂，处理污水规模达到24万t/d；新建第五污水处理厂（兰州新区城市矿产与表面处理产业园），处理污水规模达到15万t/d。

规划协调区。保留扩建3座污水处理水厂，新建什川污水处理厂，扩建黑石污水处理厂、皋兰污水处理厂，规划新建水阜污水处理厂。

污水处理厂尾水排放满足国家和地方标准，出水水质满足《城镇污水处理厂污染物排放标准》一级A标准，推进再生水设施建设力度，全面提升再生水品质，扩大再生水应用领域，规划再生水主要用于景观用水、工业用水、生态用水等。

4.绿色智能电网

（1）现状概况

兰州新区规划区现有4座330 kV变电站，分别是：子城变，主变容量2×360 MVA，位于黑石川南部；中川变，主变容量2×360 MVA，位于北部综合产业片区；元山变，主变电容量2×360 MVA；甘露变，主变容量2×360 MVA，位于秦川镇六墩村东北方向。

（2）规划目标

完善和优化电网网架结构，提高电网供电能力，构建容量充裕、自动化程度高、运行高效安全的电力网络系统，满足经济社会发展带来的中长期负荷发展，建设高标准、高可靠性、灵活性、自愈性、智能化、自动化的新区坚强智能电网。规划至2035年，规划核心区基本建成覆盖全面、布局均衡、车桩相随、适度超前的电动车充电基础设施网络，构建以自用充电桩和专用充换电站为主体，公共充换电站为辅助的电动汽车充换电设施体系。

（3）电力工程规划

规划建设距离相近、走向相同的高压走廊并廊。开发边界以外高压走廊采用架空的形式，沿规划道路、绿地及未利用地建设；开发边界以内核心区域电力高压走廊、电力线网沿特别用途区采用电缆形式入地敷设；其他区域可采用架空方式。规划高压架空电力线路设置走廊对其进行保护，单杆线路的走廊宽度为：750 kV，90～110 m；330 kV，35～45 m；110 kV，15～25 m；35 kV，15～20 m。

规划区外以330 kV子城、330 kV兰州西变及330 kV武胜驿变为基础构建电网，规划建设兰州新区第一、第二热电厂等热电联产项目及光伏发电对其进行补充。高压配电网电压等级设置为750 kV、330 kV、110 kV及35 kV，中压配电网电压为10 kV，低压配电网电压为380 V/220 V。

规划核心区。规划至2035年，兰州新区新建750 kV变电站1座（秦川变）；新建330 kV变电站3座，分别为红湾变、漫湾变、红乐变；保留330 kV变电站3座，分别为中川变、元山变、甘露变；规划新建110 kV变电站38座（含已建）。

规划协调区。规划至2035年，保留龙川220 kV变电站，新建水阜330 kV变电站，新建上川与水阜110 kV变电站。

5.信息基础设施

（1）现状概况

规划至2020年，兰州新区规划核心区已建通信核心机房2座，邮件处理中心1处，规划协调区已建邮政局1处，电信局1处。

（2）规划目标

规划至2035年，兰州新区家庭光纤可接入率达100%，无线网络覆盖率达100%，主要公共场所WLAN达99%，广播电视实现数字化率达100%。

（3）通信工程规划

全面布局5G、人工智能、工业互联网等新一代信息通信设施，不断提升城市数字化、智能化、系统化运行能力。规划核心区新建邮政枢纽中心1座，结合生活圈设置，优化邮政局所布局、增加数量、完善功能，实行较高密度、小规模、贴近社区的网点布局。规划综合通信中心1处，电信分局3处，大数据中心1处。通信管网采用弱电共同沟形式敷设，统筹考虑通信、广电、公安、交通等需求，建设联合通信管网。

6.天然气输配系统

（1）现状概况

兰州新区规划核心区天然气由兰州至银川天然气管道供给，管道设计压力10 MPa，运行压力5～5.4 MPa，干线管径610 mm，设计输气能力年35亿m³。截至2020年，已建成天然气门站1座，兰银线3#阀室至1#门站12 km，高压输气管道约12.5 km，高中压调压站1座。规划协调区建有1座压缩天然气供气站（CNG供气站）。

（2）规划目标

推进长庆至兰州天然气管道、古浪至河口天然气管道及兰州至银川天然气管道复线建设。

规划核心区采用以天然气为主，液化石油气为辅，沼气等清洁能源为补充的多气源结构。加快燃气管网建设，逐步实现燃气管道对核心区的全面覆盖。规划至2035年，兰州新区燃气气源以天然气为主，燃气气化率达到95%。规划协调区因地制宜延伸次高压管网和扩建储气设施，以满足供气需求。

（3）燃气工程规划

规划核心区天然气输配系统的压力级制采用高压—次高压—中压A三级制。规划保留1#门站，新建门站2座、LNG应急气源站1座。1#门站为已建设施，规划自兰银线4#阀室引出，接入2#门站。LNG应急气源站与门站合并建设。远期衔接庆兰线设置新区末站3#门站。

7.环卫工程

（1）现状概况

截至2020年，兰州新区规划核心区已建生活垃圾卫生填埋场1座，位于新区东南侧20 km、兰秦快速路以东1 km的王家沟。填埋场日处理能力520 t/d，总库容390万m³，有限库容330万m³。在建建筑垃圾处理场1座，一般工业固废处置场1座。已建垃圾中转站7座。

（2）规划目标

规划至2035年，兰州新区生活垃圾分类收集覆盖率达85%以上，资源化利用率达40%以上，无害化处理率达到100%。

（3）环卫工程规划

规划采用小型垃圾转运站—中大型垃圾转运站—垃圾处理设施的模式进行垃圾转运处理。

规划至2035年，兰州新区综合利用循环经济产业园内建成1座垃圾焚烧发电厂，1座一般工业固废处置场，1座建筑垃圾处理场，1座餐厨垃圾处理场。按服务半径

2～4 km，设置转运量小于50 t/d的小型垃圾转运站33座（含已建）。小型生活垃圾转运站布置按照商住组团服务半径2 km/h、工业组团服务半径4 km/h设置，垃圾转运站与周围建筑间隔不小于8 m，设计日中转垃圾量满足未来垃圾转运需求。医疗、有害垃圾分别单独收集，并运输至永登县树屏镇的甘肃省危险废物处置中心进行处理。

规划协调区建设垃圾填埋场1座，设置中型垃圾转运站2座。

8.城市供热系统

（1）现状概况

截至2020年，兰州新区规划核心区建有3座热源厂，分别为1#调峰热源厂、3#调峰热源厂及市政集团建设的北综热源厂。规划协调区的皋兰县城分布供热点25个，其采用燃煤锅炉房供热。

（2）规划目标

规划至2035年，规划核心区供热普及率达到100%。运用先进适用的技术，实现按需供热，实现用热计量率达100%，用热计量收费率达到100%。

规划协调区集中供热普及率达到80%，乡集镇、镇区集中供热普及率达到70%，乡村集中供热普及率达到50%。

（3）供热工程规划

全域形成规划核心区供热集中化、规划协调区供热多元化、全域供热清洁化的供热格局。

规划核心区供热采用以热电联产供热为主、区域锅炉房和天然气分散供热为辅的供热体系，提高热能利用率，形成多能互补的清洁供热设施体系。新建第一热电厂、第二热电厂、精细化工热电厂。规划保留1#、3#调峰热源厂，并对其进行改扩建。新建2#应急调峰热源厂。

规划协调区供热采用以大型区域集中供热锅炉房供热为主，新技术和清洁能源（规划天然气供热占分散采暖用户的80%）为补充的供热体系。在农村地区因地制宜采用清洁电力采暖、太阳能采暖、地热能采暖、沼气采暖、生物质成型燃料采暖以及组合采暖等方式。

二、安全韧性城市建设

1.防洪治涝保障体系

（1）防洪治涝设施现状

截至2020年，兰州新区雨水中通道一期、二期已建成，三期在建；西排洪渠精细化工园区部分路段已建成，但防洪体系还未形成，尚不具备行洪能力；已建刘家井滞洪调蓄水库、西岔滞洪调蓄水库；在建水阜河治理及调蓄工程。

根据《兰州新区国土空间规划灾害风险评估报告》的暴雨灾害风险评估结果：石洞镇西部、黑石镇南部、西岔镇东南部、水阜镇东北部为暴雨洪涝高险区，什川东南部为暴雨洪涝低风险区。

（2）防洪治涝标准

确定兰州新区规划核心区防洪标准为100年一遇，规划协调区防洪标准为50年一遇。坚持堤防与疏浚相结合，建立完善的防洪工程保护和防洪管理体系。

确定兰州新区规划核心区内涝防治标准为30年一遇，规划协调区内涝防治标准为20年一遇。统筹用地竖向、排水管网、调蓄水面等排水防涝设施，加快重大防洪基础设施建设及生态修复工作，构建生态措施和工程措施相结合的系统化排水防涝体系。重点防洪区域为城区行政与商业服务中心、居住和产业密集区及石化产业区域。

（3）防洪措施

1）工程措施。构建完善的排水防涝综合体系，疏浚和整治碱沟、龚巴川、沙沟等主要排洪沟渠，畅通东排洪渠与水阜河入黄河通道。规划核心区建设东排洪渠，新建甘露池滞洪调蓄水库、周家庄滞洪调蓄水库等，沿东一干渠北侧规划新建西排洪渠至雨水中通道段、东排洪渠转输工程。山脚地段设置截洪渠道，低洼地带设置排涝泵站，尽早形成合理完善的排洪排涝设施体系。加强边坡防护治理工程，清理各类灾害隐患。坚持国土绿化、退耕还林等保护措施，治理和改善局地生态环境，以利水土涵养、气候改善，减少灾害发生概率。

2）非工程措施。建立科学、完善、先进的雨情、水情预报和警报系统，制定相应的防洪抗灾应变预案。通过调整保护、开发模式，减少地表径流量，降低城市内涝风险。制定严格的建设法规和生态政策，防止私搭乱建、乱倒垃圾、采土挖沙等行为对排洪渠造成影响。同时加强排水系统维护，确保雨洪行泄顺畅。

2.综合应急体系

建设国家紧急医学救援基地、区域紧急医学救援中心、帐篷化现场卫生应急处置中心、国家区域（西北）救援中心、西北地区综合减灾与风险管理平台，提升西北地区应急保障能力。

（1）消防体系

以预防为主、防消结合、统一规划、合理布局、分期实施为原则，规划1处应急救援指挥中心，兼具消防指挥与防震减灾功能，新建1座特勤消防站，规划29座（含已建4座）一级消防站。消防站布局以消防站接到出动指令后5分钟内可到达其辖区边缘为原则确定。

城市道路上的消火栓间距按照小于和等于120 m设置。当道路宽度超过40 m时，同时在道路两侧布置消火栓。

加强对兰州新区北部石化工业区、国家战略石油储备库等易燃易爆危险品生产储存基地的安全防护，城市生活设施应与其保持安全防护距离。

（2）人防体系

兰州新区规划核心区分布有国家石油储备库、精细化工园区、机械加工区、中川机场、综合保税区等重要工业和企事业单位，战略地位非常重要，因此将其确定为人民防空一类重点防护城市。加强人民防空建设，对于提高兰州新区的综合防护能力和协调发展能力，保证城市平时发展经济和抵御各种自然灾害、战时防空抗毁和保存战争潜力具有重大战略意义。

按照国家一类重点人防城市建设。留城比例为城市人口的65.0%，防空专业队为城市人口的2.0‰。依据《中华人民共和国人民防空法》（2009修正）第二十二条，城市新建民用建筑应按照国家有关规定修建战时可用于防空的地下室。同时依据《甘肃省实施<中华人民共和国人民防空法>办法》中的第十三条规定，人民防空重点城市规划确定的经济技术开发区、保税区、工业园区、高校园区、新建住宅小区、旧城改造区和统建住宅等其他民用建筑项目，应当依法修建防空地下室。

（3）抗震体系

兰州新区抗震减灾工作实行预防为主，防御与救助相结合的方针。全域地震动峰值加速度为0.15 g，反应谱特征周期为0.45 s，抗震设防基本烈度为7度。供水、供电、供热、燃气、通信、交通、医疗、消防、粮食保障等城市生命线工程设施按高于本地区抗震设防烈度1度（即8度）的要求加强其抗震措施。重大建设工程和地震后可能发生严重次生灾害的建设工程，应按照国家和省级有关规定进行地震安全性评价，并按照地震安全性评价确定的抗震设防要求进行抗震设防。

固定避震场所服务半径设置为2～3 km，步行约1小时内到达。用地规模不小于1 hm²，人均有效避震面积不小于每人2 m²。与周围易燃建筑物或其他可能发生火灾的火源之间设置30～120 m的防火隔离带或防火树林带。

紧急避震疏散场所服务半径设置为500 m，步行约10分钟之内可达。用地规模一般不小于0.1 hm²，人均有效避难面积不小于1 m²。基础设施方面应配置临时用水、供电照明设施以及临时厕所等。

以城市对外交通性干道为主要救灾干道，以城市主干道（骨架性主干道、一般性主干道）为主要疏散干道。救援通道沿线的建筑需控制高度，应保证假如两侧建筑物倒塌堆积后，主要救灾干道的通行宽度不小于15 m，联系紧急避震疏散场所的避震疏散通道有效宽度不小于4 m，联系固定避震疏散场所的避震疏散通道有效宽度不小于7 m。

兰州新区建筑工程分为特殊设防类、重点设防类及标准设防类三个抗震类别。重点设防类包含化工系统、危险品仓库、燃气、输（储）油系统、供电系统、供水系统等建筑工程项目，抗震设防烈度为8度。

3. 地质灾害防御

兰州新区的地质灾害主要为潜在滑坡。区内发育潜在滑坡（不稳定斜坡）11处，集中分布在新区东部，新区西南部中川镇的芦水井村和新区东南部西岔镇的岘子村、漫湾村、陈家井村、铧尖村一带，其多因削坡建房等原因形成。

潜在滑坡的主要处理措施包括：对潜在不稳定的边坡采取适当的工程加固措施，使其安全系数达到规范要求；采取坡面防护措施防止地表水对坡体的冲蚀；结合兰州新区乡村振兴战略对分布于地质灾害风险较高区域的农户实施搬离。

4. 气象灾害防御

《兰州新区国土空间规划灾害风险评估报告》显示，兰州新区农业受灾损失的70%以上都是由气象灾害引起的。兰州新区农业气象灾害具有发生频率高、多灾并发、突发性强、范围广、持续时间长和危害重的特点。随着全球气候变暖，兰州新区极端天气事件频发，重大农业气象灾害几乎年年都有发生。其中主要气象灾害类型有干旱、冰雹、暴雨洪涝、高温、沙尘暴、大风、雷电、低温冻害、雪灾等，另外地质灾害及农业气象灾害等气象次生灾害和衍生灾害也较为严重。

加强气象设施建设与气象探测环境保护、气象预报与灾害性天气警报、气象灾害防御、气候资源开发利用和保护等。加强应急指挥、反应、救援能力，完善雷暴、暴雨、大雪、沙尘暴、大风、高温等气象灾害的专项预案和衍生灾害的应急反应预案，建立必要的物资储备和调配机制。加强重大工程建设的气象灾害防御。重大工程项目的总体规划和建筑设计中均要综合考虑合理安排其建设布局；开展气候可行性论证工作，减少因规划设计不当而导致的工程安全和环境问题；在地下管网设计布局，重大项目的规划、建设、搬迁、选址时须实行气候可行性论证，充分考虑各种气象要素、气象灾害或极端气候事件、局地小气候等要素影响，从而避免对工程安全及周围环境可能造成的危害。加强雷电灾害风险评估和防雷工程建设。兰州新区雷电危险等级明显高于市区，对兰州新区精细化工、装备制造等雷电高风险企业危害大，需要加强雷电活动时空分布特征分析，对雷电高风险企业项目选址、功能分区布局、防雷类别（等级）与防雷措施确定、雷灾事故应急方案等提出建设性意见。对兰州新区重点防雷行业的前期设计进行防雷设计审核。综合提高兰州新区绿化覆盖率，防风治沙，改善生态及人居环境。现代农业区、工业区的建设与设计等应考虑大风、沙尘天气影响，另外从改善居住环境考虑，兰州新区绿地覆盖率应不小于30%。此外，在土地资源紧缺的情况下应加强综合绿化，例如：实施屋顶绿化、墙面垂直绿化、窗阳台绿化、高架悬挂绿化、高架桥柱绿化、棚架绿化、绿荫停车场绿化等。合理配置利用水资源，建设节水型新城区。干旱是兰州新区最主要的气象灾害，应加强工、农业生产水资源管理利用，合理配置水资源使用，全面推进节水型社会建设。推进工业企业清洁生产和水资源循环利用。鼓励再生水利用，充分利用城市集雨节水、中水利用，以减轻干旱的不利影响。成立专门气象服务机构，加强兰州新区气象灾害防御。建议在兰州新区成立区级气象服务机构，为兰州新区建设发展提供气象服务保障。加强人工影响天气体系建设，积极实施人工影响天气作业，努力降低气象灾害损失。抓住有利时机积极实施人工增雨（雪），增加水资源。在兰州新区冰雹多发地区，建立防雹基地，组织好高炮、火箭的联防作业，合理布局、科学指挥，减少冰雹的发生，降低冰雹造成的损害。

第七章　兰州新区国土空间规划政策建议

第一节　理顺治理主体，识别新区发展腹地

一、借力新区建设，突破兰州不均衡发展

任何一个城市都不能孤立地存在，城市与外部区域之间总是不断进行物质、能量、人员、信息等各种要素的交换和相互作用。正是这种相互作用，才把区域内彼此分离的城市（镇）结合为具有特定结构和功能的有机整体，形成城镇体系。按社会发展阶段划分，城镇体系的演化和发展可以分为以下阶段。

前工业化阶段（农业社会），城镇体系以规模小、职能单一、孤立分散的低水平均衡分布为特征；工业化阶段，城镇体系以中心城市发展、集聚为表征的高水平不均衡分布为特征；工业化后期至后工业化阶段（信息社会），城镇体系以中心城市扩散，各类型城市区域（包括城市连绵区、城市群、城市带、城市综合体等）形成，各类城镇普遍发展，区域趋向于整体性城镇化的高水平均衡分布为特点。

因此，区域城镇体系的组织结构演变会相应经历低水平均衡阶段、极核发展阶段、扩散阶段和高水平均衡阶段等。兰州当前处于向高水平均衡阶段迈进时期，空间受限、产业结构不合理等要素导致的城镇发展不均衡矛盾频发，其主要体现在以下几个方面：

①土地开发强度高且趋于饱和。兰州市作为典型的带形城市，一直延续河谷城市的开发模式，有限的空间使得城市用地矛盾频发，市级层面疏解主城功能的需求强烈。

②人口密度负荷重。兰州市人口分布主要集中在主城四区，受地形限制，中心城区很难再进一步扩大人口规模，人民生活品质难以高质量提升。

③红线空间在两端挤压。生态红线与永久基本农田主要分布于永登县与榆中县。除主城盆地外，兰州新区所在的秦王川盆地与榆中盆地当下限制因素较少，可作为城市发

展新的承载空间。

二、立足一心两翼，构建兰州都市区

随着我国城镇化进程的不断加速，以设市区等大中城市为主体的都市区化进程在分权化、市场化和全球化的制度背景下快速发育，与之相伴的行政区划调整等治理结构调整也日益频繁。都市区是我国城镇化的主要空间载体，在城镇化尤其是都市区化进程中，行政区划调整贯穿始终，成为我国特定发展阶段与区域治理的重要组成部分。从1997年至今，其大体可划分为两个阶段：一是以基本为空间扩张服务的撤县（市）设区为主（1997—2007年）；二是多种区划调整方式并存，以撤县（市）设区和服务于战略需求的主动性区界重组为主（2008年至今）。都市区是核心城市保持强烈交互作用和密切社会经济联系的城乡一体化区域，反映城市功能发育延伸的区域概念。随着当下都市区发展目标与理念的不断提升，都市区治理中存在的矛盾冲突日益凸显，尤其在集中体现都市区发展品质与竞争力的中心城区，重塑空间格局、优化治理结构、提升空间品质和竞争力成为本阶段都市区发展的战略重点。

随着"一带一路"倡议的深入推进，兰州区域辐射带动能力不断增强，有望发挥更重要的对外开放节点作用。对内而言，兰州本市的资源承载能力有限，需要在更大范畴内统筹资源调配，实现区域协调发展。省级与市级层面一致提出关于都会城市的战略部署，兰州需要更进一步统筹区域，推动兰西城市群互动发展。2017年12月，兰州市第十三届委员会第八次全体会议首次提出"一心两翼"的发展战略，旨在推动兰州市积极融入国家"一带一路"倡议、兰西城市群发展战略，加快其融入以兰白都市圈为核心的甘肃中部城市群建设，规划形成以主城四区为核心，新区和榆中为两翼的"一心两翼"都市区战略格局（图7-1）。

因此，理顺空间管理权限，优化行政区划设置，加快推进重点区域一体化进程是未来兰州政策机制建立与城市发展的首位问题。兰州新区须立足"一心两翼"战略，助力兰州都市区形成"两翼改区"[①]"一心解绑"[②]，从区域发展的角度理顺都市区—都市圈—城市群三级体系的关系。兰州新区的主要着力点在于统一治理主体，整合空间资源。

一是，巩固功能区与行政区合一的基础。根据国务院办公厅《关于支持国家级新区深化改革创新加快推动高质量发展的指导意见》与甘肃省政府办公厅《关于进一步支持兰州新区深化改革创新加快推动高质量发展的意见》，在兰州新区现有托管3镇的基础上，完善国家批复的6镇托管，"东拓南下西连北接"，与主城区相向融合发展，并辐射

---

①两翼改区：北翼兰州新区完善乡镇托管权限，有力辐射带动皋兰；东翼榆中县政区合一。

②一心解绑：政策区企业化，减少外挂，属地化集中管理。

带动皋兰，转"碎片化""诸侯发展"向合力发展，从跨县发展、县区分治到向成熟的政府型转变。

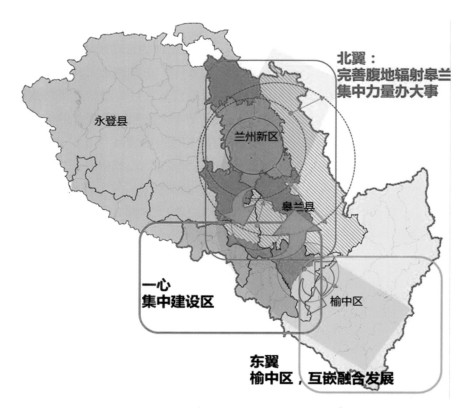

图7-1　兰州市一心两翼发展战略示意图^①

　　二是，优化腹地空间与职能。补充区域山水林田湖草资源，为兰州新区注入新的活力。丰富发展内涵，提升发展动力，推动新区由"大"向"强"转变。

　　三是，集约高效，创新存量空间管理机制。设立项目准入标准，尤其是确定土地投资强度控制标准，组团式推进，分步实施。借鉴深圳等地存量空间更新经验，通过用地性质变更、容积率调整等，盘活存量。

　　四是，生态优先，进一步系统梳理生态资源，构建生态环境支撑体系。兰州新区当前按照"北御风沙、中兴产业、南建景观"的思路，不断进行生态修复和生态建设。截至2020年，已完成造林绿化70 km²，以及完成生态湖、秦王川国家湿地公园和百花公园等的建设。随着腹地空间的整合，进一步梳理生态资源，明确生态资产与建设重点，形成系统化的资源本底是兰州新区的重点任务之一。

①根据兰州市"一心两翼"发展战略，规划将榆中县升级为榆中区。

第二节　落位城市发展目标，构建城镇核心功能布局

一、基于核心功能的产业选择

通过解读文件政策和相关规划，结合兰州新区的四大战略和十二大核心功能，对兰州新区各功能分区的主要产业门类进行了落位（表7-1）。

表7-1　兰州新区功能与产业对照表

序号	核心功能	主要产业门类
1	国家科技创新改革试验区	新能源、新材料、循环产业、装备制造、生物制药、精细化工等
2	国家大数据存储和灾备中心	大数据、信息产业等
3	国家产城融合发展示范区	综合性产业
4	西北区域性职教中心	职教产业、科技研发产业等
5	黄河上游高质量发展示范城市	综合性产业
6	甘肃省生态产业发展先行区	绿色生态产业、农产品加工业、文化旅游业、清洁能源产业等
7	兰西城市群对外开放门户城市	交通服务业、商贸物流、会展经济、总部经济等
8	国家多式联运中心	航空服务、仓储物流、交通服务业等
9	西北生态宜居城市	城市服务业等
10	兰西城市群核心节点城市	综合性产业
11	国家能源安全储备基地	能源储备、石化产业等
12	国家西北救援中心	生物制药、医疗服务业等

二、功能分区及产业落位

基于空间要素的分割和各片区功能的差异，将兰州新区城镇发展空间划分为十一大功能片区：石化产业区、绿色化工产业区、陆港商贸物流产业区、合金新材料产业区、空港产业区、机场南部高新技术产业区、职教产业区、兰州新区城市综合服务区、南部文旅产业区、树屏农产品加工产业区、水阜现代物流产业区（图7-2）。

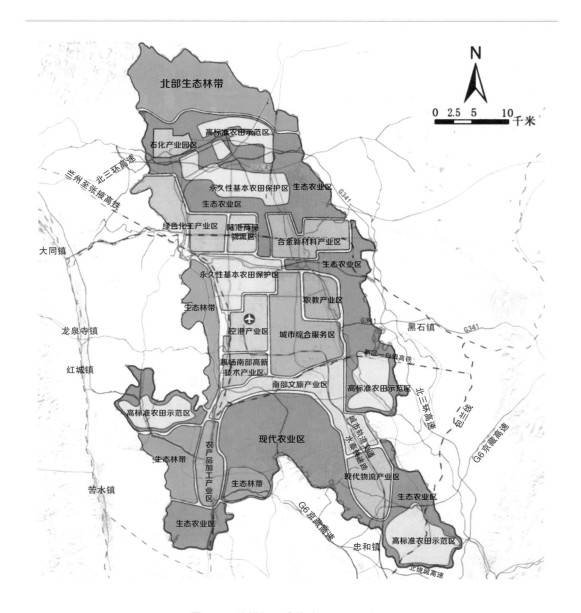

图7-2 兰州新区功能分区规划示意图

注：该图基于甘肃省标准地图在线服务系统审图号为甘S（2021）91号的标准地图制作，底图无修改。

①石化产业区：位于区域最北侧，主要为兰州市及国家其他区域石化产业转移提供空间支撑，主要发展石油化工产业。

②绿色化工产业区：位于秦川镇西侧，主要承接兰州市及国家其他区域化工产业的转移，发展精细化工、新材料、新能源等产业，可将其打造成为兰州新区绿色化工千亿

产业园。

③陆港商贸物流产业区：依托中马铁路发展货运、仓储及商贸产业，是新区连接周边地区协同发展的重要渠道，可将其打造成为新区的北门户。

④合金新材料产业区：位于秦川镇东侧，为新区北部的综合产业片区，主要发展合金新材料、生物制药、电子信息、新能源等产业，可将其打造成为合金新材料千亿级产业园区，其北侧为原油储备库，承担国家能源安全储备基地的功能。

⑤空港产业区：以兰州中川机场为依托，结合综合保税区，形成空港产业区，主要发展具有航空指向性的产业集群，如航空物流业、总部经济、会展经济、旅游经济、文化娱乐等与航空关联的产业。

⑥机场南部高新技术产业区：依托靠近兰州中川机场的区位优势，发展电子信息、大数据、精密仪器等高新技术产业。

⑦职教产业区：结合兰州新区已建的职教产业园区，发展职业教育及科教研发，产学研相结合，打造新区科研高地，为地区产业发展提供人才及技术支撑。

⑧兰州新区城市综合服务区：兰州新区的核心城区，也是新区的行政中心，片区功能以城市生活服务功能为主，发展的产业主要包括科研教育产业、高新技术产业、大数据产业、文化服务产业、医疗服务等其他服务产业。

⑨南部文旅产业区：依托已建的西部恐龙园、长城影视基地、秦王川国家湿地公园等文旅资源，结合现代农业，发展以文化娱乐、农业观光等多元文旅资源交织融合的文旅产业富集区，将其打造为新区对外开放及展现魅力的窗口。

⑩树屏农产品加工产业区：基于树屏镇有利的区位优势和农业发展基础，发展农产品加工业及仓储物流业。

⑪水阜现代物流产业区：基于片区的区位优势，结合现状物流产业的发展基础，发展仓储、物流产业。

第三节　加速推进行政区划调整进度

按照国务院办公厅《关于支持国家级新区深化改革创新加快推动高质量发展的指导意见》和甘肃省政府办公厅《关于进一步支持兰州新区深化改革创新加快推动高质量发展的意见》的要求，尽快启动行政区划调整前期研究论证工作，逐步拓展兰州新区发展空间，促进功能区与行政区协调发展、融合发展。按程序推动永登县上川镇、树屏镇和皋兰县水阜镇托管工作。优化兰州新区管委会机构设置，健全法治化管理机制，科学确定管理权责，进一步理顺其与所在行政区域以及区域内各类园区、功能区的关系，在全省率先实现全域城镇化。兰州市行政区划调整有以下几个方面的利好：

一是有利于加强生态文明建设。兰州市属甘肃省建设"四屏一廊"国家生态安全屏障综合试验区中的中部沿黄河地区生态走廊，对维护甘肃省中部地区黄河流域生态安全具有重要作用。行政区划调整有利于水资源保护、防护林带建设和大气污染治理，同时对建设沿黄河生态走廊及城市生态屏障都有积极作用。

二是有利于实现全市"一心两翼"城市发展格局。受兰州市两山夹一川的地形特点所限，兰州市中心城区主要集中在黄河谷地带状发展，主城四区行政区划面积较小，开发强度大，城市拓展空间有限。而皋兰、永登、榆中县境内未利用地较多，开发强度低，正好弥补主城区发展空间不足的问题。

三是有利于更好地发挥兰州新区的带动作用。兰州新区目前存在管理权限交织，行政效率低下，省级协调任务多、成本大等问题。通过行政区划调整统一其政策区和行政区，打破行政壁垒，理顺管理权限和管理体制，能更好地发挥兰州新区的带动作用。

因此，兰州市的行政区划调整工作迫在眉睫，通过行政区划调整能进一步提高兰州市的综合实力，夯实省会城市功能，更好地带动区域发展。

参考文献

［1］蔡中为，2019.东北城市群协调发展理论分析与对策研究［M］.长春：吉林人民出版社.

［2］晁恒，李贵才，2020.国家级新区的治理尺度建构及其经济效应评价［J］.地理研究，3：495-507.

［3］陈雁云，2019.城市群与产业集群发展的演进及耦合研究［M］.北京：经济管理出版社.

［4］董亚宁，2023.城市群"三生空间"格局演变与优化——以兰西城市群为例［J］.青海社会科学，1：29-39.

［5］甘肃省统计局、国家统计局甘肃调查总队，2020.甘肃发展年鉴［M］.北京：中国统计出版社.

［6］居翠屏，张志斌，杨莹，2013.城市规划与城市空间结构塑造：以兰州市为例［J］.资源开发与市场，7：713-716.

［7］兰州市地方志编纂委员会，兰州市文物志编纂委员会，2006.兰州市志［M］.兰州：兰州大学出版社.

［8］李铭，朱波，易晓峰，张祥德，2021.面向新型城镇化的甘肃省城镇体系研究：战略、格局、保障［M］.兰州：兰州大学出版社.

［9］李珍，2021.新时代国土综合整治与生态修复研究初探——以临猗县为例［J］.华北自然资源，3：131-132.

［10］蔺全录，袁占亭，2021.大气污染治理与城市空间优化［M］.兰州：兰州大学出版社.

［11］刘合林，余雷，唐永伟，等，2022.山地地区县级国土空间总体规划分区划定路径——以湖北巴东县为例［J］.规划师，1：119-125.

［12］卢山冰，2016."一带一路"国家级新区发展报告（2015）［M］.西安：西北

大学出版社.

［13］卢向虎，2015.西部国家级新区管理体制之比较［J］.城市，8：53-58.

［14］马亚君，曹军，冯琦伟，等，2022.国家级新区高质量发展动力机制探索与策略研究——以兰州新区为例［J］.价值工程，41：25-27.

［15］彭建，魏海，李贵才，等，2015.基于城市群的国家级新区区位选择［J］.地理研究，1：3-14.

［16］汪建兵，2021.兰州新区高、快速路网规划布局研究［J］.运输经理世界，30：76-78.

［17］王斌，聂凯龙，宋蔚，2020.国家战略框架中的公共政策与区域发展的理论及实践［M］.重庆：西南师范大学出版社.

［18］王琼，2019.国家级新区活力的区间差异及影响因素研究［D］.广州:华南理工大学：1-2.

［19］王威，胡业翠，2020.改革开放以来我国国土整治历程回顾与新构想［J］.自然资源学报，35（01）：53-67.

［20］王奕璇，2021.兰州新区城市扩张及土地利用变化时空特征研究［D］.兰州：西北师范大学.

［21］魏周菊，2016.圆梦引大［M］.兰州：甘肃民族出版社.

［22］肖华斌，张慧莹，刘莹，等，2020.自然资源整合视角下泰山区域生态网络构建研究［J］.上海城市规划，1：42-47.

［23］肖金成，袁朱，2022.经济引擎 中国城市群［M］.重庆：重庆大学出版社.

［24］谢广靖，石郁萌，2016.国家级新区发展的再认识［J］.城市规划，40（5）：9-20.

［25］徐超平，李昊，马赤宇，2017.国家级新区兰州新区发展路径的再思考［J］.城市发展研究，3：24-28.

［26］杨昔，杨静，何灵聪，2019.城镇开发边界的划定逻辑：规模、形态与治理——兼谈国土空间规划改革技术基础［J］.规划师，17：63-68.

［27］于小强，邓聪慧，刘文蕙，2021.国家级新区与行政区融合发展机理研究——以管委会型的湖南湘江新区为例［J］.开发研究，4：145-152.

［28］张恩祥，2022.兰州新区典型岩土问题研究与工程实践［M］.北京：中国建筑工业出版社.

［29］张功亮，2014.兰州新区需水预测分析及节水对策探讨［J］.农业科技与信息，23：38-40.

［30］张舒婷，王晓慧，彭道黎，等，2020.黄土高原丘陵沟壑区植被覆盖度变化监

测〔J〕.浙江农林大学学报，6：1045-1053.

　　〔31〕张学亮，2011.地下长河：引大入秦工程胜利竣工〔M〕.长春：吉林出版集团.

　　〔32〕赵鹏翥、苏裕民，1997.永登县志〔M〕.兰州：甘肃民族出版社.

　　〔33〕朱江涛，景龙辉，2022.国家级新区管理体制改革经验对西咸新区体制优化的启示〔J〕.中国机构编制，4：21-24.

　　〔34〕庄良，2017.中国城市新区与市辖区空间设置关系研究〔D〕.上海：华东师范大学.